职业教育课程改革创新规划教材·电子技术轻松学

Altium Designer 9.0 电路设计与制作

陈学平　谢　俐　编著

电子工业出版社·

Publishing House of Electronics Industry

北京·BEIJING

内 容 简 介

本书主要讲述了 Altium Designer 9.0 的电路设计技巧及设计实例,读者通过本书的学习能够掌握 Altium Designer 9.0 的电路设计方法,本书编写的最大特色是打破传统的知识体系结构,以项目为载体重构理论与实践知识,以典型、具体的实例操作贯穿全书,遵循"项目载体,任务驱动"的编写思路,充分体现"做中学,做中教"的职业教育教学特色。

书中内容通俗易懂,图文并茂,低起点,循序渐进,用一个个实例贯穿全书,可操作性强。本书可作为职业院校、技工学校电工电子类及相关专业的教材,也可作为电子类相关专业技术人员的自学和培训用书。

为方便教师教学,本书还配有电子教学参考资料包,详见前言。

图书在版编目(CIP)数据

Altium Designer 9.0 电路设计与制作 / 陈学平,谢俐编著. —北京:电子工业出版社,2013.7
(电子技术轻松学)
职业教育课程改革创新规划教材
ISBN 978-7-121-20950-5

I. ①A…   II. ①陈… ②谢…   III. ①印刷电路—计算机辅助设计—应用软件—中等专业学校—教材
IV. ①TN410.2

中国版本图书馆 CIP 数据核字(2013)第 150582 号

策划编辑: 张　帆
责任编辑: 张　帆
印　　刷: 北京虎彩文化传播有限公司
装　　订: 北京虎彩文化传播有限公司
出版发行: 电子工业出版社
　　　　　北京市海淀区万寿路 173 信箱　邮编: 100036
开　　本: 787×1092　1/16　印张: 15.25　字数: 390.4 千字
版　　次: 2013 年 7 月第 1 版
印　　次: 2025 年 2 月第 17 次印刷
定　　价: 28.50 元

凡所购买电子工业出版社图书有缺损问题,请向购买书店调换。若书店售缺,请与本社发行部联系,联系及邮购电话: (010) 88254888,88258888。

质量投诉请发邮件至 zlts@phei.com.cn,盗版侵权举报请发邮件至 dbqq@phei.com.cn。

本书咨询联系方式: (010) 88254592,bain@phei.com.cn。

前　　言

　　Altium Designer Summer 09 是 Altium 公司中较常用的一个电路设计软件，Altium Designer Summer 09 软件在 Altium 公司电路设计软件版本是 9.0，因此，全书将 Altium Designer Summer 09 的称谓统一叫做 Altium Designer 9.0。

　　本书是学习 Altium Designer 软件的入门教材，主要介绍 Altium Designer 软件的两个主要组成部分，即电路原理图设计和 PCB 设计。全书共分 8 个项目，包括 Altium Designer 应用基础、原理图设计、原理图符号的制作和修改、PCB 设计、元件封装的制作与修改及综合实例。每个项目由 2～8 个典型任务组成，每个任务下面又以多个小任务的形式展开。每个任务中进行任务操作实战。

　　本书编写的最大特色是打破传统的知识体系结构，以项自为载体重构理论与实践知识，以典型、具体的实例操作贯穿全书，遵循"项目载体，任务驱动"的编写思路，充分体现"做中学，做中教"的职业教育教学特色。

　　全书的主要内容简介如下：

　　● 项目 1　**Altium Designer Summer 09 的安装与卸载**。

　　本项目安排了 4 个任务：认识印制电路板设计流程；初识 Altium Designer 9.0；Altium Designer 9.0 安装、激活、汉化；启动 Altium Designer 9.0 让读者能够进入 Altium Designer Summer 09 的世界。

　　● 项目 2　**PCB 工程及相关文件的创建**。

　　本项目安排了 2 个任务：认识 Altium Designer 9.0 文件结构和文件管理系统；认识 Altium Designer 9.0 的原理图和 PCB 设计系统，使读者能够建立 PCB 工程文件及各个子文件。

　　● 项目 3　**原理图编辑器的操作**。

　　本项目安排了 8 个任务：认识原理图的设计过程和原理图的组成；认识 Altium Designer 9.0 原理图文件及原理图工作环境；设置原理图的图纸；制作原理图图纸的信息区域模板并进行调用；原理图视图操作；编辑操作原理图中的对象；对原理图进行注释；原理图的打印，通过这些任务可以完全掌握原理图的设计环境操作。

　　● 项目 4　**绘制原理图元件**。

　　本项目安排了 4 个任务：创建原理图元件库并熟悉原理图元件库的环境；绘制简单的原理图元件并更新原理图中的符号；简单元件的绘制；修改集成元件库中的元件，通过这 4

个任务读者完全能够自己绘制和修改原理图元件。

● 项目 5　绘制电路原理图。

本项目安排了 4 个任务：放置原理图的元件；设置原理图元件的属性；原理图电路绘制；绘制振荡原理图，通过这 4 个任务读者已经能够绘制原理图了。

● 项目 6　PCB 封装库文件及元件封装设计。

本项目安排了 2 个任务：手工创建元件封装；使用向导创建元件封装，通过这 2 个任务读者已经能够绘制 PCB 中电气元件封装了。

● 项目 7　PCB 自动设计及手动设计。

本项目安排了 4 个任务：了解 PCB 自动设计的步骤；PCB 印制电路板自动布局操作；PCB 元件的自动布线和手动布线；PCB 添加泪滴及敷铜，这 4 个任务是按照 PCB 的设计过程来设计的，读者学习了这 4 个任务对于 PCB 的设计就可以掌握。

● 项目 8　带强弱电的电路板绘制。

本项目是对全书的综合练习，我们安排了 5 个任务，按照从原理图到 PCB 的设计流程来安排，任务有：创建工程文件并设置原理图图纸；创建新的原理图元件；复制元件和放置元件；连接原理图中的元件；PCB 的设计，通过这 5 个任务的学习，读者只要再注意一下设计的经验，注意是布局的调整和布线的宽度和美观，反复加强练习，多参考别人设计好的PCB 板，完全能够成为 PCB 设计的中高端人才。

本书由重庆电子工程职业学院的陈学平教授和重庆电力高等专科学校的谢俐老师共同编写，本书在编写过程中得到了编者家人的支持，得到了出版社编辑的支持，在此一并表示感谢。

为方便教师教学，本书还配有电子教学参考资料包。请有此需要的读者登录华信教育资源网（http://www.hxedu.com.cn）免费注册后进行下载，有问题时请在网站留言或与电子工业出版社联系（E-mail:hxedu@phei.com.cn）。

陈学平

2013.5

目　录

项目 1　Altium Designer Summer 09 的
　　　　安装与卸载 ················ 1
　　任务 1　认识印制电路板设计流程 ······· 1
　　任务 2　初识 Altium Designer 9.0 ······· 7
　　任务 3　Altium Designer 9.0 安装、激活、
　　　　　　汉化 ······················ 14
　　任务 4　启动 Altium Designer 9.0 ······· 27
　　项目自测题 ····························· 33
项目 2　PCB 工程及相关文件的
　　　　创建 ························· 34
　　任务 1　认识 Altium Designer 9.0
　　　　　　文件结构和文件管理系统 ···· 34
　　任务 2　认识 Altium Designer 9.0 的
　　　　　　原理图和 PCB 设计系统 ···· 41
　　项目自测题 ····························· 48
项目 3　原理图编辑器的操作 ········· 49
　　任务 1　认识原理图的设计过程和
　　　　　　原理图的组成 ··············· 49
　　任务 2　认识 Altium Designer 9.0 原理图
　　　　　　文件及原理图工作环境 ···· 55
　　任务 3　设置原理图的图纸 ··········· 62
　　任务 4　制作原理图图纸的信息区域模板
　　　　　　并进行调用 ··············· 70
　　任务 5　原理图视图操作 ············· 80
　　任务 6　编辑操作原理图中的对象 ···· 83
　　任务 7　对原理图进行注释 ··········· 91
　　任务 8　原理图的打印 ··············· 97
　　项目自测题 ····························· 99
项目 4　绘制原理图元件 ············· 100
　　任务 1　创建原理图元件库并熟悉原理图
　　　　　　元件库的环境 ··············· 100

　　任务 2　绘制简单的原理图元件并更新原理图
　　　　　　中的符号 ··················· 106
　　任务 3　简单元件的绘制 ············· 109
　　任务 4　修改集成元件库中的元件 ···· 125
　　项目自测题 ····························· 132
项目 5　绘制电路原理图 ············· 133
　　任务 1　放置原理图的元件 ··········· 133
　　任务 2　设置原理图元件的属性 ······ 141
　　任务 3　原理图电路绘制 ············· 147
　　任务 4　绘制振荡原理图 ············· 157
　　项目自测题 ····························· 165
项目 6　PCB 封装库文件及元件封装
　　　　设计 ························· 167
　　任务 1　手工创建元件封装 ··········· 167
　　任务 2　使用向导创建元件封装 ······ 172
　　项目自测题 ····························· 178
项目 7　PCB 自动设计及手动设计 ···· 180
　　任务 1　了解 PCB 自动设计的步骤 ···· 180
　　任务 2　PCB 印制电路板自动布局操作 ··· 183
　　任务 3　PCB 元件的自动布线和手动
　　　　　　布线 ······················ 189
　　任务 4　PCB 添加泪滴及敷铜 ········· 198
　　项目自测题 ····························· 202
项目 8　带强弱电的电路板绘制 ······· 203
　　任务 1　创建工程文件并设置原理图
　　　　　　图纸 ······················ 203
　　任务 2　创建新的原理图元件 ········· 207
　　任务 3　复制元件和放置元件 ········· 215
　　任务 4　连接原理图中的元件 ········· 218
　　任务 5　PCB 的设计 ················· 222
　　项目自测题 ····························· 233

项目 1

Altium Designer Summer 09 的
安装与卸载

项目描述

　　Altium Designer Summer 09 是 Altium 公司中较常用的一个电路设计软件，Altium Designer Summer 09 软件在 Altium 公司电路设计软件版本是 9.0，因此，在全书中对于 Altium Designer Summer 09 的称谓统一叫做 Altium Designer 9.0。本项目将引导读者了解电路设计的大体流程和现在 Altium 公司较新的电子线路设计软件，以便让读者为后续的电子线路设计工作打下基础。

项目导学

　　本项目分为 4 个任务：认识印制电路板设计流程；初识 Altium Designer 9.0；Altium Designer 9.0 安装、激活、汉化；启动 Altium Designer 9.0。通过这 4 个任务的学习和操作，读者可以了解电路设计软件的安装、汉化与激活方法。

任务 1　认识印制电路板设计流程

任务分析

　　本任务是对印制电路板的设计流程进行介绍，在本任务中，我们给出了一般印制电路板的设计流程，同时，对于印制电路板的相关术语进行了简单介绍，要求读者能够领会。

相关知识

1．什么是印制电路板——PCB

　　学习电路设计的最终目的是完成印制电路板的设计，印制电路板是电路设计的最终结果。

在现实生活中，电子产品成品打开后，通常可以发现其中有一块或者多块印刷板子，在这些板子上面有电阻、电容、二极管、三极管、集成电路芯片、各种连接插件，还可以发现在板子上有印刷线路连接着各种元件的引脚，这些板子被称之为印制电路板，即 PCB。如图 1-1 所示是一块 PCB 的实物图。

通常情况下，电路设计在原理图设计完成后，需要设计一块印制电路板来完成原理图中的电气连接，并安装上元件，进行调试，因此可以说印制电路板是电路设计的最终结果。

在 PCB 上通常有一系列的芯片、电阻、电容等元件，它们通过 PCB 上的导线连接，构成电路，电路通过连接器或者插槽进行信号的输入或输出，从而实现一定的功能。可以说 PCB 的主要目的是为元件提供电气连接，为整个电路提供输入或输出端口及显示，电气连通性是 PCB 最重要的特性。

总之，PCB 在各种电子设备中有如下功能：

（1）提供集成电路等各种电子元件固定、装配的机械支撑。

（2）实现集成电路等电气元件的布线和电气连接，提供所要求的电气特性。

（3）为自动装配提供阻焊图形，为电子元件的插装、检查、调试、维修提供识别图形，以便正确插装元件、快速对电子设备电路进行维修。

2．PCB 印制电路板的层次组成

PCB 为各种元件提供电气连接，并为电路提供输出端口，这些功能决定了 PCB 的组成和分层。

如图 1-1 所示为一块计算机主板的电源接口部分的 PCB 实物图，在图上可以清晰地看见各种芯片、在 PCB 上的走线、插座等。

图 1-1　PCB 实物图

1）PCB 的各个层

PCB 板中一般包括很多层，实际上 PCB 的制作也是将各个层分开做好，然后压制而成。PCB 中各层的意义如下：

铜箔层：在 PCB 中，印刷板材料中存在铜箔层，并由这些铜箔层构成电气连接。通常，PCB 的层数定义为铜箔的层数。常见的印刷板在上、下表面都有铜箔，称之为双层板。现今，由于电子线路的元件密集安装、防干扰和布线等特殊要求，一些较新的电子产品中所用的印刷板不仅有上、下两面走线，在板的中间还设有能被特殊加工的夹层铜箔。例如，现在的计算机主板所用的印制电路板材料多在 4 层以上。

丝印层：铜箔层并不是裸露在空气中，在铜箔层上还存在丝印层，可以保护铜箔层；在丝印层上，印刷上所需要的标志图案和文字代号等，例如，元件标号和标称值、元件外廓形状和厂家标志、生产日期等，方便电路的安装和维修。

印制材料：在铜箔层之间采用印制材料绝缘，同时，印制材料支撑起了整个 PCB。实际上，PCB 上各层对 PCB 的性能都有影响，每个层都有自己独特的东西，这些将在以后的章节中具体介绍。

2）PCB 板的组成

PCB 板的组成可以分为以下几个部分：

（1）元件：用于完成电路功能的各种器件。每一个元件都包含若干个引脚，通过引脚将电信号引入元件内部进行处理，从而完成对应的功能。引脚还有固定元件的作用。在电路板上的元件包括集成电路芯片、分立元件（如电阻、电容等）、提供电路板输入、输出端口和电路板供电端口的连接器，某些电路板上还有用于指示的器件（如数码显示管、发光二极管 LED 等），如大家上网时，网卡的工作指示灯。PCB 分层和组成示例如图 1-2 所示。

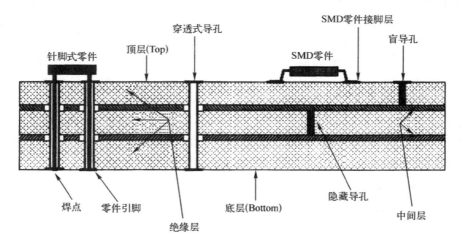

图 1-2　PCB 分层和组成示例

（2）铜箔：铜箔在电路板上可以表现为导线、焊盘、过孔和敷铜等各种表示方式，它们各自的作用如下：

导线：用于连接电路板上各种元件的引脚，完成各个元件之间电信号的连接。

过孔：在多层的电路板中，为了完成电气连接的建立，在某些导线上会出现过孔。在工艺上，过孔的孔壁圆柱面上用化学沉积的方法镀上一层金属，用以连通中间各层需要连通的铜箔，而过孔的上、下两面做成普通的焊盘形状，可直接与上、下两面的线路相通，也可不连。

焊盘：用于在电路板上固定元件，也是电信号进入元件的通路组成部分。用于安装整个电路板的安装孔有时候也以焊盘的形式出现。

敷铜：在电路板上的某个区域填充铜箔称为敷铜。敷铜可以改善电路的性能。

丝印层：印制电路板的顶层，采用绝缘材料制成。在丝印层上可以标注文字，注释电路板上的元件和整个电路板。丝印层还能起到保护顶层导线的功能。

印制材料：采用绝缘材料制成，用于支撑整个电路。

3．常用的 EDA 软件

EDA 软件，即为电子技术自动化软件。通常情况下，在电子设计中有成百上千个焊盘需要连接，如此多的连接采用手工设计和制作 PCB 变得不太可能。因此，各种电子设计软件应运而生。

采用电子设计软件可以对整个设计进行科学的管理，帮助生成美观实用、性能优越的PCB。一般的电子设计软件应该包含以下的功能：

原理图设计功能。即输入原理图，并对原理图上的电气连接特性进行管理，统计电路上有多少电气连接，并提供对原理图的检错功能。原理图设计中还需要提供元件的封装信息。

原理图仿真功能。对绘制的原理图进行仿真，看仿真结果，检查设计是否符合要求。

PCB 设计功能：根据原理图提供的电气连接特性，绘制 PCB。该功能需要提供和原理图的接口，提供元件布局，PCB 布线等功能，并负责导出 PCB 文件，帮助制作 PCB 板。该功能还需要提供检错功能和报表输出功能。

PCB 仿真功能。对 PCB 的局部和整体进行电气特性（如信号完整性、EMI 特性）的仿真，看是否满足设计指标。该功能需要设计者提供 PCB 的各种材料参数、环境条件等数据。

常用的电子设计软件包括 Protel（Altium）、PowerPCB、Orcad 和 Cadence 等。其中的Altium 提供了上述的所有功能，是国内最常用的 PCB 设计软件。Altium 学习方便、概念清楚、操作简单、功能完善，深受广大电子设计者的喜爱，是电子设计常用的入门软件。本书将讲述 Altium Designer 9.0 的电路设计技巧。

4．PCB 设计流程

在设计 PCB 时，可以直接在 PCB 板上放置元件封装，并用导线将它们连接起来。但是，在复杂的 PCB 设计中，往往牵涉到大量的元件和连接，工作量很大，如果没有一个系统的管理是很容易出错的。因此在设计时，采用系统的流程来规划整个工作。通用的 PCB设计流程包含以下四步：

（1）PCB 设计准备工作。

（2）绘制原理图。

（3）通过网络报表将原理图导入到 PCB 中。

（4）绘制 PCB 并导出 PCB 文件，准备制作 PCB 板。

下面将对每个步骤进行详细说明。

1）PCB 设计准备工作

PCB 设计的准备工作包括：

（1）对电路设计的可能性进行分析；

（2）确定采用的芯片、电阻、电容的元件的数目和型号。

（3）查找采用元件的数据手册，并选用合适的元件封装。

（4）购买元件。

（5）选用合适的设计软件。

2）原理图的绘制

在做好 PCB 设计准备工作后，需要对电路进行设计，开始原理图的绘制。在电路设计软件中设置好原理图环境参数，绘制原理图的图纸大小。在设置好图纸后，在绘制的原理图中，主要包括以下主要部分：

（1）元件标志（Symb01）：每一个实际元件都有自己的标志（Symb01）。标志由一系列的引脚和边界方框组成，其中的引脚排列和实际元件的引脚一一对应，标志中的引脚即为引脚的映射。

（2）导线：原理图中的引脚通过导线相连，表示在实际电路上元件引脚的电气连接。

（3）电源：原理图中有专门的符号来表示接电源和接地。

（4）输入/输出端口：它们表示整个电路的输入和输出。

简单的原理图由以上内容构成。在绘制简单的原理图时，放置所有的实际元件标志，并用导线将它们正确地连接起来，放置上电源符号和接地符号，安装合适的输入/输出端口，整个工作就可以完成。但是，当原理图过于复杂时，在单张的原理图图纸上绘制非常的不方便，而且比较容易出错，检错就更加不容易了，需要将原理图划分层次。在分层次的原理图中引入了方块电路图等内容。在原理图中还包含有忽略 ERC 检查点、PCB 布线指示点等辅助设计内容。

当然，在原理图中还包含有说明文字、说明图片等，它们被用于注释原理图，使原理图更加容易理解，更加美观。

原理图的绘制步骤如下：

① 查找绘制原理图所需要的原理图库文件并加载。

② 如果电路图中的元件不在库文件中，则自己绘制元件。

③ 将元件放置到原理图中，进行布局连线。

④ 对原理图进行注释。

⑤ 对原理图进行仿真，检查原理图设计的合理性。

⑥ 检查原理图并打印输出。

3）网络报表的生成

设计原理图后，需要根据绘制的原理图进行印制电路板的设计，网络报表是电路原理图设计和印制电路板设计之间的桥梁和纽带。在原理图中，连接在一起的元件标志引脚构成一个网络，整个原理图中可以提取网络报表来描述电路的电气连接特性。同时网络报表包含原理图中的元件封装信息。在 PCB 设计中，导入正确的网络报表，即可以获得 PCB 设计所需要的一切信息。可以说，网络报表的生成既是原理图设计的结束，又是 PCB 设计的开始。

4）印刷板——PCB 设计

根据原理图绘制的印刷板上包含的主要内容有：

元件封装：每个实际的元件都有自己的封装，封装由一系列的焊盘和边框组成，元件的引脚被焊接在 PCB 板上的封装的焊盘上，从而建立真正的电气连接。元件封装的焊盘和元件的引脚是一一对应的。

导线：铜箔层的导线将焊盘连接起来，建立电气连接。

电源插座：给 PCB 上的元件加电后，PCB 才能开始工作。给 PCB 加电可以直接拿一根铜线引出需要供电的引脚，然后连接到电源即可，不需要任何的电源插座，但是为了让印刷板的铜箔不致于被维修人员在维修时用连接导线供电将铜箔损坏，还是需要设计电源插座，使产品调试维修人员直接通过插座给印刷板供电。

输入/输出端口：在设计中，同样需要采取合适的输入/输出端口引入输入信号，导出输出信号。一般的设计中可以采用和电源输入类似的插座。在有些设计中有规定好的输入/输出连接器或者插槽，如计算机的主板 PCI 总线、AGP 插槽，计算机网卡的 RJ-45 插座等），在这种情况下，需要按照设计标准，设计好信号的输入、输出端口。

在有些设计中，PCB 上还设置有安装孔。PCB 板通过安装孔可以固定在产品上，同时安装孔的内壁也可以镀铜，设计成通孔形式，并与"地"网络连接，这样方便了电路的调试。

PCB 中的内容除以上之外，有些还有指示部分，如 LED、七段数码显示器等。当然，PCB 上还有丝印层上的说明文字，指示 PCB 的焊接和调试。

PCB 设计需要遵循一定的步骤才能保证不出错误。PCB 设计大体包括以下的步骤：

（1）设置 PCB 模板。

（2）检查网络报表，并导入。

（3）对所有元件进行布局。

（4）按照元件的电气连接进行布线。

（5）敷铜，放置安装孔。

（6）对 PCB 进行全局或者部分的仿真。

（7）对整个 PCB 检错。

（8）导出 PCB 文件，准备制作印刷板。

 任务实施　描述印制电路板的设计流程

我们在前面的相关知识中介绍了印制电路板的设计流程，在任务实施中，需要对上面介绍的相关知识进行总结，归纳出印制电路板的设计流程。

（1）PCB 设计之前，先要收集查找 PCB 的相关参数。特别是 PCB 设计是否可行，元件封装能否找得到。

（2）建立一个工程项目。

（3）绘制原理图文件。

（4）绘制原理图文件需要的元件库。

（5）绘制 PCB 文件。

（6）绘制 PCB 封装元件库。

（7）绘制 PCB 并导出 PCB 文件，准备制作 PCB 板。

以上的每个步骤都可以详细描述。我们在后面的项目和任务中也会详细介绍。

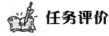 **任务评价**

针对学生读者，在任务实施完成后，读者可以填写表 1-1，检测一下自己对本任务的掌握情况。

表1-1　任务评价

任务名称			学时	1
任务描述			任务分析	
实施方案			教师认可：	
问题记录	1. 2. 3.		处理方法	1. 2. 3.

	评价项目	评价标准	学生自评 （20%）	小组互评 （30%）	教师评价 （50%）
成果评价	1.	1.　　　（x%）			
	2.	2.　　　（x%）			
	3.	3.　　　（x%）			
	4.	4.　　　（x%）			
	5.	5.　　　（x%）			
	6.	6.　　　（x%）			

教师评语	评　　语： 成绩等级：　　　　　　　　　　　　　　　　　　教师签字：

小组信息	班　　级		第　组	同组同学	
	组长签字			日　期	

任务2　初识 Altium Designer 9.0

任务分析

该任务是让读者操作已经安装好的正常的 Altium Designer 9.0，读者学习本任务需要打开已经安装完成的软件进行操作，体会一下这个软件功能。

相关知识

1．Altium Designer 9.0 概述

目前人们可以在计算机上利用电子 CAD 软件来完成产品的原理图设计和印制电路板

设计，Protel 是目前 EDA 行业中使用最方便，操作最快捷，人性化界面最好的辅助工具。电子信息类专业的大学生在大学基本上都学过 Protel 电路设计软件，所以学习资源也最广。

Altium 公司的发展史：

1985 年 诞生 DOS 版 Protel。

1991 年 Protel for Windows 版本，到随后的 Protel for Windows 1.0、2.0、3.0。

1998 年 Protel98 这个 32 位产品是第一个包含 5 个核心模块的 EDA 工具。

1999 年 Protel99 构成从电路设计到真实板分析的完整体系。

2001 年 由 Protel 国际有限公司正式更名为 Altium 有限公司。

2002 年 Protel DXP 集成了更多工具，使用方便，功能更强大。

2004 年 Prote 2004 提供了 PCB 与 FPGA 双向协同设计功能。

2006 年 Altium Designer 6 首个一体化电子产品开发系统推出。

Altium 的全球管理以澳洲悉尼为总部，在澳洲、中国、法国、德国、日本、瑞士和美国均有直销点和办公机构。此外 Altium 在其他主要市场国家均有代销网络。

Altium Designer 是 Altium 公司开发的一款电子设计自动化软件，用于原理图、PCB、FPGA 设计。结合了板级设计与 FPGA 设计。Altium Designer 公司收购来的 PCAD 及 TASKKING 成为了 Altium Designer 的一部分。

Altium Designer Summer 08（简称：AD7）将 ECAD 和 MCAD 两种文件格式结合在一起，Altium 在其最新版的一体化设计解决方案中为电子工程师带来了全面验证机械设计（如外壳与电子组件）与电气特性关系的能力。还加入了对 OrCAD 和 PowerPCB 的支持能力。

Altium Designer Winter 09 推出，08 年冬季发布的 Altium Designer 引入新的设计技术和理念，以帮助电子产品设计创新，利用技术进步，并提出一个产品的任务设计更快地获得走向市场的方便。增强功能的电路板设计空间，让您可以更快地设计，全三维 PCB 设计环境，避免出现错误和不准确的模型设计。

Altium Designer Summer 09 为适应日新月异的电子设计技术，Altium 于 2009 年 7 月在全球范围内推出最新版本 Altium Designer Summer 09。Summer 09 的诞生延续了连续不断的新特性和新技术的应用过程。

2．Altium Designer 9.0 新特性

1）电路板设计

（1）增强了图形化 DRC 违规显示。

Summer 09 版本改进了在线实时及批量 DRC 检测中显示的传统违规的图形化信息，其涵盖了主要的设计规则。利用与一个可定义的指示违规信息的掩盖图形的合成，用户现在已经可以更灵活的解决出现在设计中的 DRC 错误。

（2）用户自定制 PCB 布线网络颜色

Summer 09 版本允许用户在 PCB 文件中自定义布线网络显示的颜色。现在，用户完全可以使用一种指定的颜色替代常用当前板层颜色作为布线网络显示的颜色。并将该特性延伸到图形叠层模式，进一步增强了 PCB 的可视化特性。

（3）PCB 板机械层设定增加到 32 层

Altium Designer 9.0 版本为板级设计新增了 16 个机械层定义，使总的机械层定义达到32 层。

（4）其他方面

在 Altium Designer Summer 09 的 PCB 应用中增强了 DirectX 图形引擎的功能，直接关系到图形重建的速度。由于图形重构是不常用到的，如果不是非常必要，将不再执行重构的操作；同时也优化了 DirectX 数据填充特性。经过测试，Summer 09 将在原版本的基础上提升 20%的图形处理性能。

2）前端设计

（1）按区域定义原理图网络类功能

Altium Designer 现在可以允许用户使用网络类标签功能在原理图设计中将所涵盖的每条信号线纳入到自定义网络类之中。当从原理图创建 PCB 时，就可以将自定义的网络类引入到 PCB 规则。使用这种方式定义网络的分配，将不再需要担心耗费时间、原理图中网络定义的混乱等问题。Summer 09 版本将提供更加流畅、高效和整齐的网络类定义的新模式。

（2）装配变量和板级元件标号的图形编辑功能

Altium Designer 9.0 版本提供了装配变量和板级元件标号的图形编辑功能。在编译后的原理图源文件中就可以了解装配变量和修改板级元件标号，这个新的特性将令你从设计的源头就可以快速、高效的完成设计的变更；更重要的是，对于装配变量和板级元件标号变更操作这将提供一种更快速、更直观的变通方法。

3．软设计

1）支持 C++高级语法格式的软件开发

由于软件开发技术的进步，使用更高级、更抽象的软件开发语言和工具已经成为必然。从机器语言到汇编语言，再到过程化语言和面向对象的语言。Altium Designer Summer 09 版本现在可以支持 C++软件开发语言（一种更高级的语言），包括软件的编译和调试功能。

2）基于 Wishbone 协议的探针仪器

Altium Designer 9.0 新增了一款基于 Wishbone 协议的探针仪器（WB_PROBE）。该仪器是一个 Wishbone 主端元件，因此允许用户利用探针仪器与 Wishbone 总线相连去探测兼容Wishbone 协议的从设备。通过实时运行的调试面板，用户就可以观察和修改外设的内部寄存器内容、存储器件的内存数据区，省却了调用处理器仪器或底层调试器。对于无处理器的系统调试尤为重要。

3）为 FPGA 仪器编写脚本

Altium Designer 已经为用户提供了一种可定制虚拟仪器的功能，在新的版本中您还将看到 Altium 新增了一种在 FPGA 内利用脚本编程实现可定制虚拟仪器的功能。该功能将为用户提供一种更直观、界面更友好的脚本应用模式。

4）虚拟存储仪器

在 Altium Designer 9.0 版本中，用户将看到一种全新的虚拟存储仪器（MEMORY_

INSTRUMENT）。就在虚拟仪器内部，其就可提供一个可配置存储单元区。利用这个功能可以实现从其他逻辑器件、相连的 PC 和虚拟仪器面板中观察和修改存储区数据。

4．系统级设计

1）按需模式的 License 管理系统（On-Demand）

Altium Designer 9.0 版本中增加了基于 WEB 协议和按需 License 的模式。利用客户账号访问 Altium 客户服务器，无须变更 License 文件或重新激活 License，基于 WEB 协议的按需 License 管理器就可以允许一个 License 被用于任意一台计算机。就好比一个全球化浮动 License，而无须建立用户自己的 License 服务器。

2）其他方面

● 可浏览的 License 管理和报表
● 全新的主页
● Altium Labs
● 私有的 License 服务模式
● 在外部 Web 页面内打开网络链接
● 增强了供应商数据

Altium Designer 9.0 版本中新增了两个元器件供应商信息的实时数据连接，这两个供应商分别为 Newark 和 Farnell。通过供应商数据查找面板内的供应商条目，用户现在可以向目标元件库（SchLib, DbLib, SVNDbLib）或原理图内的元器件中导入元器件的参数、数据手册链接信息、元器件价格和库存信息等。另外，用户还可以在目标库内从供应商条目中直接创建一个新的元器件。

3）遗留问题

在这个版本中解决了许多历史遗留问题，更多的兑现了我们对于致力于为用户提供非常适合的一体化设计方案和电子产品设计到面市的平滑衔接的承诺。

 任务实施　初识 Altium Designer 9.0

前面简要介绍了 Altium Designer 9.0 的一些特性，在任务实施中将对 Altium Designer 9.0 进行初步操作。

● 了解该软件的安装环境
● 了解该软件的集成功能
● 了解该软件的一些初始界面和设计的窗口。

打开该软件，逐步熟悉。

操作如下：

（1）可以在"开始"菜单，"程序"中找到 Altium Designer 9.0，双击打开，即可启动这个软件。

（2）软件启动后，会加载这个软件，图 1-3 所示是正在加载 Altium Designer 9.0，图中出现了这个软件的版本号是 9.0.0.17654，加载完成后，会进入软件的初始界面。

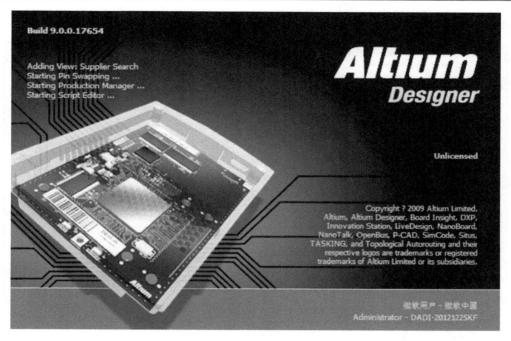

图 1-3　加载软件的启动界面

（3）软件打开后，我们看到如图 1-4 所示的窗口，该窗口中，出现了一个很明显的红色字提示，该软件没有激活。

> 📖 注意：
> 该软件是英文状态，在任务 3 中会介绍将其变为中文软件使用的方法。

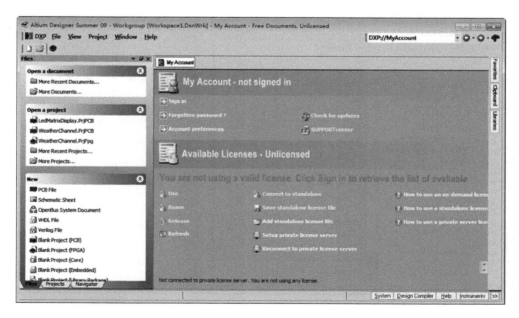

图 1-4　打开后的软件窗口

（4）将软件激活后，初始窗口如图 1-5 所示。

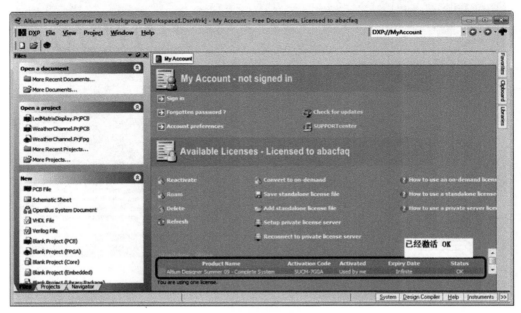

图 1-5　已经激活的窗口

📖 **注意：**
　　激活的方法，我们在任务 3 中再介绍。

（5）将鼠标移动到主菜单中的"File"|"New"上面，会展开三级菜单，如图 1-6 所示。

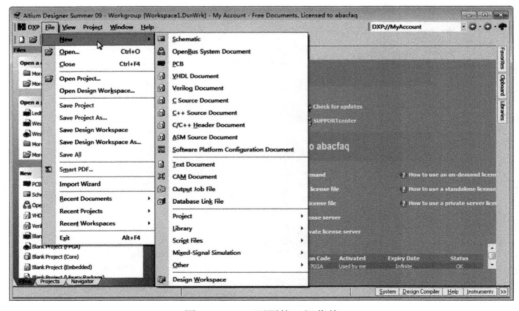

图 1-6　New 下面的三级菜单

可以看到在该菜单下面有很多三级菜单，如"Schematic"原理图、"PCB"印制电路板、"Project"工程、"Library"库文件，其他还有很多。所列出的这几个，是会经常用到的。

此外还有很多功能菜单，在本任务中不再一一描述，在后续的项目和任务中，再仔细介绍。

任务评价

针对学生读者，在任务实施完成后，读者可以填写表 1-2，检测一下自己对本任务的掌握情况。

表 1-2　任务评价

任务名称				学时	1		
任务描述				任务分析			
实施方案				教师认可：			
问题记录	1.			处理方法	1.		
	2.				2.		
	3.				3.		
成果评价	评价项目		评价标准		学生自评（20%）	小组互评（30%）	教师评价（50%）
	1.		1.　　　（x%）				
	2.		2.　　　（x%）				
	3.		3.　　　（x%）				
	4.		4.　　　（x%）				
	5.		5.　　　（x%）				
	6.		6.　　　（x%）				
教师评语	评　语：						
	成绩等级：				教师签字：		
小组信息	班　级			第　组	同组同学		
	组长签字				日　期		

任务 3　Altium Designer 9.0 安装、激活、汉化

任务分析

我们在第二个任务中介绍了 Altium Designer 9.0 的一些特性，同时，初步操作了 Altium Designer 9.0，但是对于这个软件，自己如何安装，如何汉化，如何激活，大家并不熟悉。该任务是对 Altium Designer 9.0 的安装方法进行介绍，主要介绍该软件的安装、激活、汉化的实现方法，通过本任务的学习，使读者能够在计算机中安装上这个软件，同时，要掌握该软件在 Windows 各版本下的激活方法。

相关知识

1．Altium Designer 9.0 的安装

Altium Designer 9.0 的安装方法如下：

（1）找到 Altium Designer 9.0 文件包，将其解压，如图 1-7 所示。

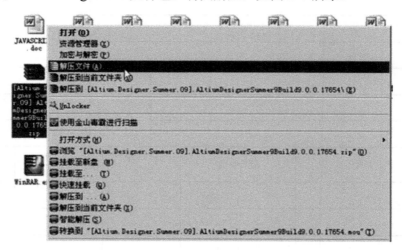

图 1-7　解压安装文件

（2）安装文件解压后，找到里面的 Setup.exe 双击开始安装。

（3）弹出 Altium Designer 9.0 安装向导窗口，如图 1-8 所示。

（4）单击"Next"按钮，出现接受协议窗口，如图 1-9 所示。在图 1-9 中选择"I accept the license agreement"。

（5）单击"Next"按钮，出现输入用户信息的窗口，可以保持默认，如图 1-10 所示。

（6）单击"Next"按钮，出现选择安装文件夹路径的对话窗口，如图 1-11 所示。在图 1-11 中可以直接单击"Next"按钮，进行默认安装，也可以更改安装文件夹的路径，为了避免机器重装后的风险，我们可以更改安装路径。

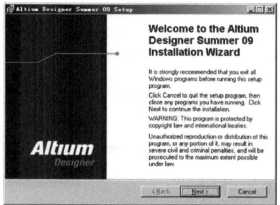

图 1-8 Altium Designer 9.0 安装向导窗口

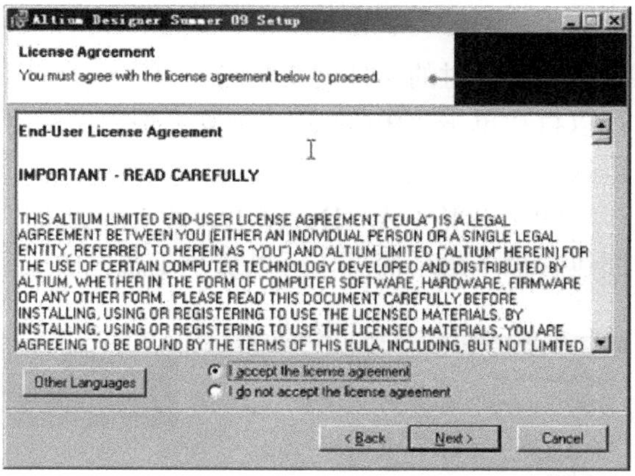

图 1-9 接受协议窗口

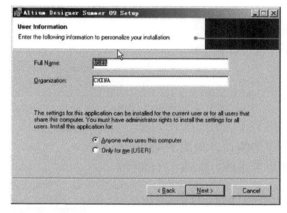

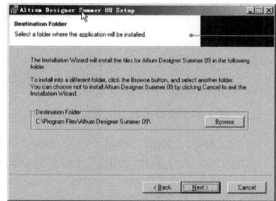

图 1-10 用户信息的窗口

图 1-11 默认的安装路径窗口

（7）在图 1-11 中单击"Browse"（浏览）按钮更改安装路径，在图 1-12 中在"Folder name"栏中更改"c:\"为"d:\"，其余不变，再单击"OK"按钮，这样就可以更改安装到 D 盘中。

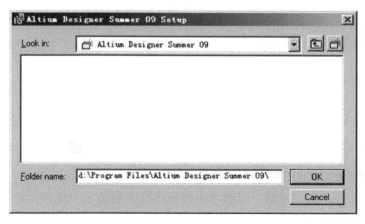

图 1-12 更改安装到 D 盘

（8）此时的文件夹安装路径已经更改为 D 盘下，如图 1-13 所示。如果想更改路径，则可以再次单击"Browse"（浏览）按钮进行更改，如果没有错误，则可以单击"Next"按钮进入下一个安装窗口。

（9）出现安装"Board-Level Libraries"窗口，提示是否安装综合的元件库文件包，里面包含很多封装信息，所以那个复选框的勾可以打上，如图 1-14 所示。

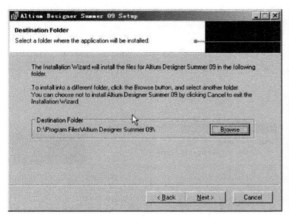
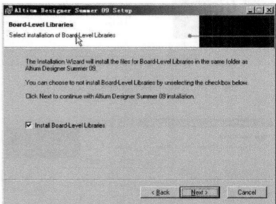

图 1-13　更改到 D 盘的安装路径窗口　　　　图 1-14　安装 Board Level Libraries

（10）单击"Next"按钮，出现准备安装程序的窗口，如图 1-15 所示。

（11）单击"Next"按钮，然后正常安装并更新系统，如图 1-16 所示。

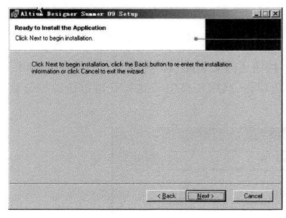
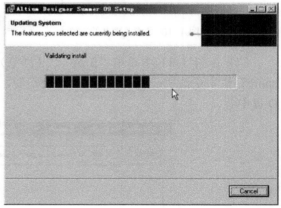

图 1-15　准备安装　　　　　　　　　图 1-16　正在安装中

（12）直到安装完成后，单击"Finish"按钮完成安装。

2．Altium designer Summer 09 软件英文转为中文

（1）安装完成后，从"开始"菜单"所有程序"中启动这个软件，如图 1-17 所示。

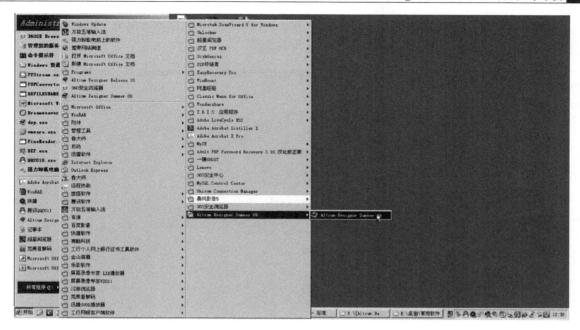

图 1-17　启动软件

（2）软件启动过程中可以看到软件的版本号是：9.0.0.17654，软件的启动界面如图 1-18所示。

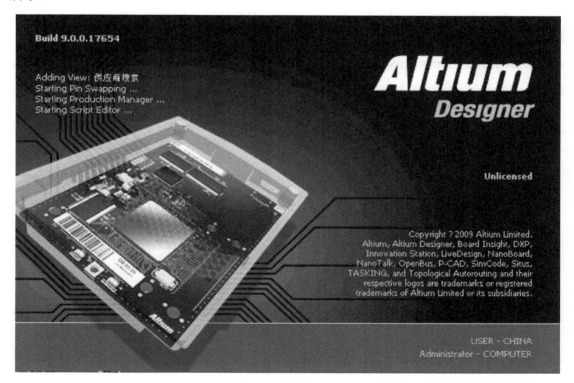

图 1-18　软件的启动界面

（3）软件启动成功后的窗口如图 1-19 所示。该窗口中，软件语言是英文的，同时软件有一个红色的提示，说明软件还不能使用，没有激活。

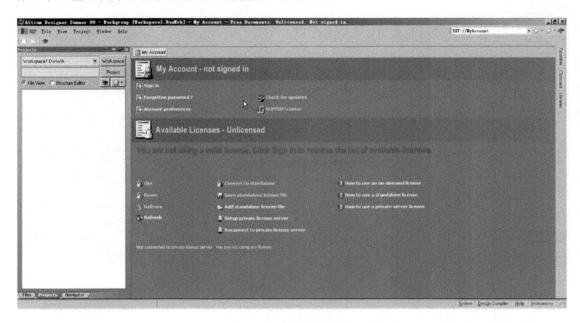

图 1-19　软件启动后的窗口

（4）单击主菜单中的"DXP"按钮，在出现的快捷菜单中选择"Preferences…"，如图 1-20 所示。

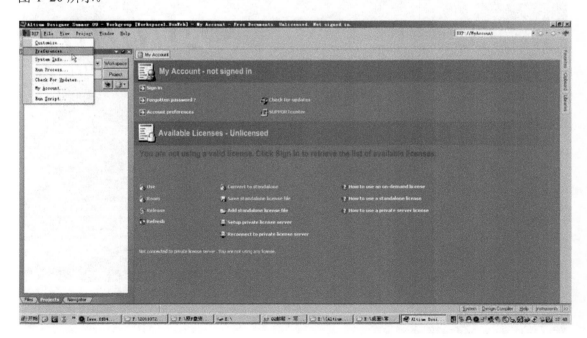

图 1-20　选择"Preferences…"

（5）在出现的"Preferences"窗口中，展开"System"→"General"，在"Localization"区域中勾选"Use localized resources"，同时勾选"Localized menus"，如图1-21所示，当勾选后，将会弹出一个提示对话框，提示启动新的设置工作，如图1-22所示，单击"OK"按钮，回到图1-21中，再单击"OK"按钮，退出"Altium Designer Summer 09"，再一次重新启动后，软件的工作窗口界面已经成为中文的了，如图1-23所示。

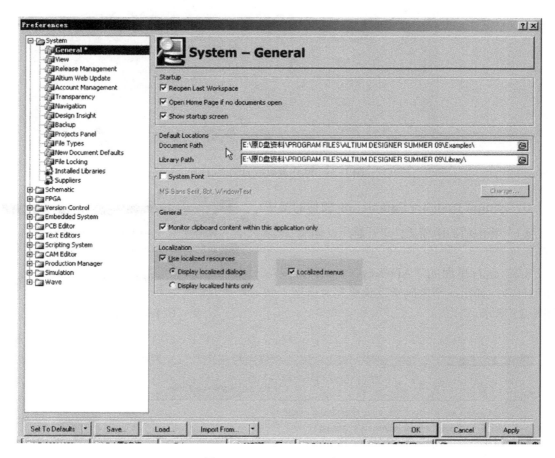

图1-21　"Preferences"窗口

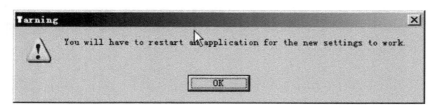

图1-22　提示重新启动设置工作

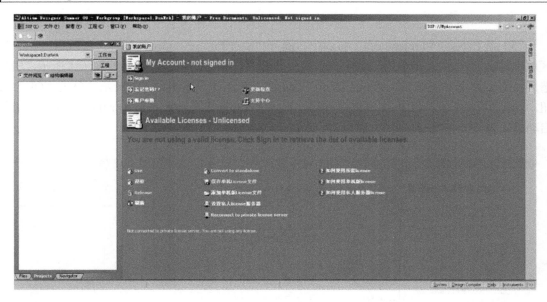

图 1-23 软件重启后的中文窗口

3．Altium Designer Summer 09 软件的激活

（1）将激活的压缩文件进行解压，如图 1-24
所示。

（2）运行里面的"AD9KeyGen.exe"，双击
即可打开，弹出一个密码学试验研究对话框，如
图 1-25 所示。

图 1-24 解压软件

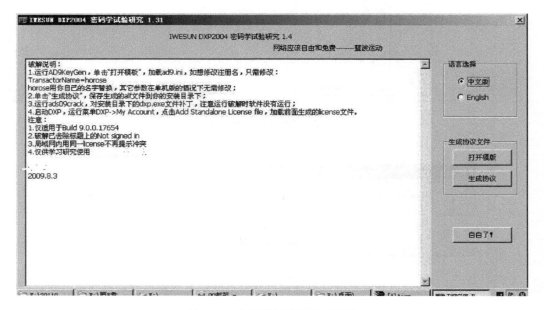

图 1-25 密码学试验研究对话框

（3）在图 1-25 中，单击"打开模板"按钮，选择"ad9.ini"，如图 1-26 所示。这个是模板文件。

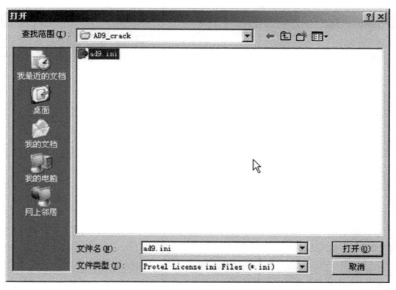

图 1-26　打开模板文件

（4）打开模板文件后的对话框如图 1-27 所示，可以在其中"TransactorName=abacfaq"这行中更改"="后面为自己想输入的名字，这个可以任意输入。

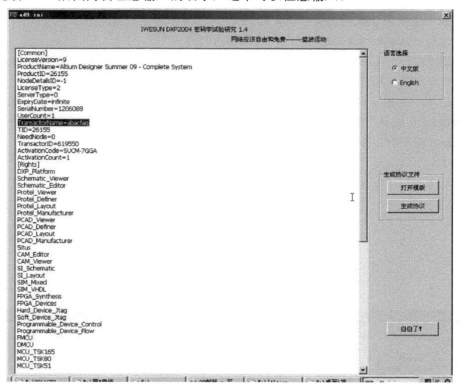

图 1-27　打开的模板文件

（5）单击图 1-27 中的"生成协议"按钮，出现一个保存协议文件的对话框，可以输入一个任意的名字，如输入：9.0.alf，后缀名为.alf，不要更改，如图 1-28 所示。

图 1-28　保存生成的协议文件

（6）弹出生成协议成功的提示框，如图 1-29 所示。

（7）运行"ads09crack.exe"程序，双击即可打开。

（8）出现一个对话框，如图 1-30 所示，单击"Patch"按钮查找 Altium Designer Summer 09 软件的主程序文件 dxp.exe。

（9）出现一个提示框"未找到该文件。搜索该文件吗?"，如图 1-31 所示。如果将这个 ads09crack.exe 生成补丁的文件放到 Altium Designer Summer 09 软件的安装目录中与主程序文件 dxp.exe 在一个文件夹内，则不会出现这个提示对话框。

图 1-29　弹出生成协议成功的对话框　　图 1-30　单击 Patch 查找主程序　　图 1-31　提示框

（10）单击"是"按钮查找主程序文件 dxp.exe，在 Altium Designer Summer 09 软件的安装目录中查找，如图 1-32 所示。找到后单击"打开"按钮，出现补丁运行成功的对话框，如图 1-33 所示。

　　　　图 1-32　查找到主程序文件　　　　　　　　　　图 1-33　补丁运行完毕

（11）重新启动 dxp.exe 主程序，单击主菜单 DXP 下面的"My Account..."子菜单，如图 1-34 所示。

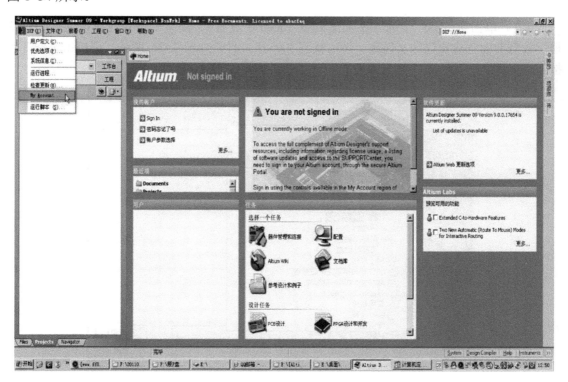

图 1-34　单击"My Account..."子菜单

（12）出现一个红色的提示窗口，意思是说软件没有激活，是不能使用的，如图 1-35 所示。

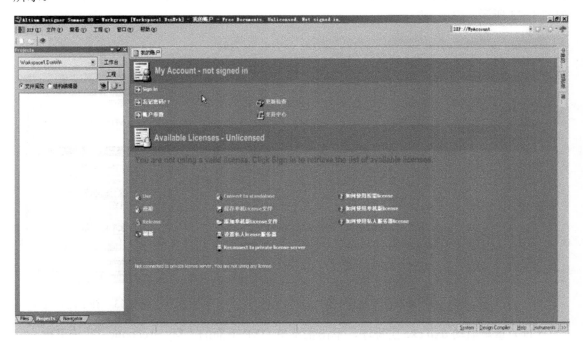

图 1-35　提示软件不能使用

（13）单击图 1-35 中的"添加单机版 License 文件"，出现一个查找协议文件的对话框，找到前面生成协议的文件夹，然后找到 9.0.alf 文件，如图 1-36 所示，再单击"打开"按钮，如图 1-37 所示。

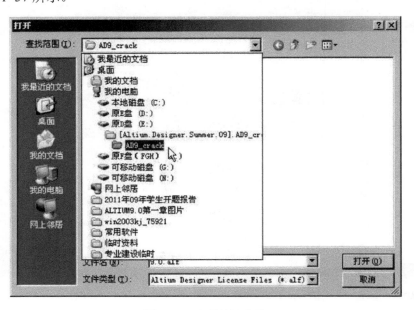

图 1-36　查找协议文件

图 1-37 打开协议文件

（14）到此为止，软件已经激活，出现了一个 OK 的字样，如图 1-38 所示。

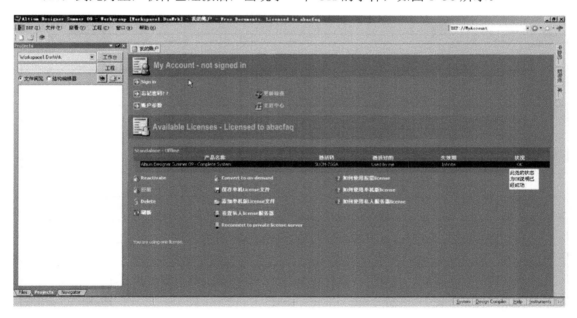

图 1-38 软件已经激活

 任务实施 Altium Designer 9.0 的安装、汉化、激活

在本任务中介绍了 Altium Designer 9.0 的安装、汉化、激活方法，读者下面进行实际操作。

1．任务实施环境需求：

（1）一台 Windows 操作系统计算机，配置为主流的计算机配置。

（2）Altium Designer 9.0 的安装软件。

2．任务实施的步骤

（1）读者按前面介绍的安装方法进行安装。

（2）读者按前面介绍的汉化方法进行汉化。

（3）激活操作。

关于激活操作要注意的是：

Altium Designer 9.0 可以在 Windows XP/2003/Win7/Win8 下面安装，但是有些网友在网上说 Altium Designer 9.0 在 Windows8 64 位下面不能激活，关于这个问题，可以将其他的 Windows XP/2003/Win7/Win8 32 位的安装目录下面的 dxp.exe 文件和已经产生的.alf 激活文件复制到 Windows8 64 位下面按书中介绍的方法进行激活。

任务评价

针对学生读者，在任务实施完成后，读者可以填写表 1-3，检测一下自己对本任务的掌握情况。

表 1-3　任务评价

任务名称			学时	2		
任务描述			任务分析			
实施方案			教师认可：			
问题记录	1.		处理方法	1.		
	2.			2.		
	3.			3.		
成果评价		评价项目	评价标准	学生自评（20%）	小组互评（30%）	教师评价（50%）
	1.	1.　　（x%）				
	2.	2.　　（x%）				
	3.	3.　　（x%）				
	4.	4.　　（x%）				
	5.	5.　　（x%）				
	6.	6.　　（x%）				

教师 评语	评　语：				
	成绩等级：			教师签字：	
小组 信息	班　级		第　组	同组同学	
	组长签字		日　期		

任务 4　启动 Altium Designer 9.0

任务分析

在任务 3 中介绍了 Altium Designer 9.0 的安装，本任务将介绍软件安装后，启动软件，进行面板管理和窗口管理的基本知识。

相关知识

1. 启动 Altium Designer Summer 09

启动 Altium Designer Summer 09 非常简单。Altium Designer Summer 09 安装完毕后系统会将 Altium Designer Summer 09 应用程序的快捷方式图标在"开始"菜单中自动生成。

（1）执行菜单命令"开始"｜"所有程序"｜"Altium Designer Summer 09"｜"Altium Designer Summer 09"，将会启动 Altium Designer Summer 09 主程序窗口，如图 1-39 所示。

图 1-39　Altium Designer Summer 09 主程序窗口

（2）进入 Altium Designer Summer 09 的主窗口后，立即就能领略到 Altium Designer Summer 09 界面漂亮、精致、形象和美观，如图 1-39 所示。不同的操作系统在安装完该软件后，首次看到的主窗口可能会有所不同，不过没关系，这些软件的操作都大同小异。通过本任务的介绍，您将掌握最基本的软件操作。

Altium Designer Summer 09 的工作面板和窗口与 Protel 软件以前的版本有较大的不同，对其管理有一特别的操作方法，而且熟练地掌握工作面板和窗口管理能够极大地提高电路设计的效率。

2．工作面板管理

1）标签栏

工作面板在设计工程中十分有用，通过它可以方便地操作文件和查看信息，还可以提高编辑的效率。单击屏幕右下角的面板标签，如图 1-40 所示。

单击面板中的标签可以选择每个标签中相应的工作面板窗口，如单击 System 标签，则会出现如图 1-41 所示的面板选项。可以从弹出的选项中选择自己所需要的工作面板，也可以通过选择"查看"｜"工作区面板"中的可选项，显示相应的工作面板。

图 1-40　面板标签

图 1-41　System 的面板选项

2）工作面板的窗口

在 Altium Designer Summer 09 中使用大量的实用工作窗口面板，可以通过工作窗口面板方便地实现打开文件、访问库文件、浏览每个设计文件和编辑对象等各种功能。工作窗口面板可以分为两类：一类是在任何编辑环境中都有的面板，如库文件（Libraries）面板和工程（Projects）面板；另一类是在特定的编辑环境下才会出现的面板，如 PCB 编辑环境中的导航器（Navigator）面板。

面板的显示方式有 3 种。

（1）自动隐藏方式。如图 1-42 所示，面板处于自动隐藏状态。要显示某一工作窗口面板，可以单击相应的标签，工作窗口面板会自动弹出，当光标移开该面板一定时间或者在工作区单击，面板会自动隐藏。

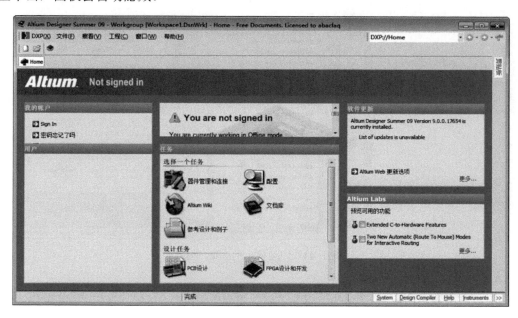

图 1-42　隐藏面板

（2）锁定显示方式。如图 1-43 所示是 Files 面板锁定的窗口。

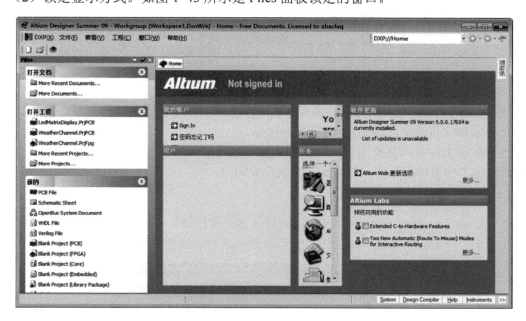

图 1-43　Files 面板锁定的窗口

（3）浮动显示方式。如图 1-44 所示是浮动显示的 Files 面板。

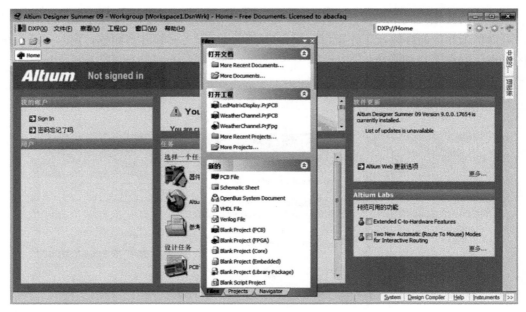

图 1-44 浮动显示的 Files 面板

3）3 种面板显示之间的转换

（1）在工作窗口面板的上边框单击鼠标右键，将弹出面板命令标签。选中"Allow Dock" ｜ "Vertically"选项，如图 1-45 所示。将光标放在面板的上边框，拖动光标至窗口左边或右边合适位置。松开鼠标，即可以使所移动的面板自动隐藏或锁定。

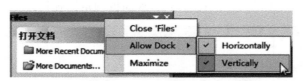

图 1-45 命令标签

（2）要使所移动的面板为自动隐藏方式或锁定显示方式，可以单击图标 （锁定状态）和图标 （自动隐藏状态），进行相互转换。

（3）要使工作窗口面板由自动隐藏方式或者锁定显示方式转变到浮动显示方式，只需要用鼠标将工作窗口面板向外拖动到希望的位置即可。

3．窗口的管理

在 Altium Designer Summer 09 中同时打开多个窗口时，可以设置将这些窗口按照不同的方式显示。对窗口的管理可以通过"窗口"菜单进行，如图 1-46 所示。

图 1-46 "窗口"菜单

对菜单中每项的操作如下：

（1）水平排列所有的窗口。执行"窗口"｜"水平排列所有的窗口"命令，即可将当前所有打开的窗口平铺显示，如图1-47所示。

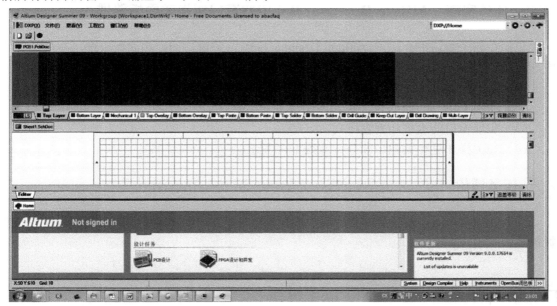

图1-47　平铺窗口

图1-47是在新建了一个PCB文件，一个原理图文件，并且打开Home主页之后，水平平铺的窗口。

（2）垂直平铺窗口。执行"窗口"｜"垂直排列所有的窗口"命令，即可将当前所有打开的窗口垂直平铺显示，如图1-48所示。

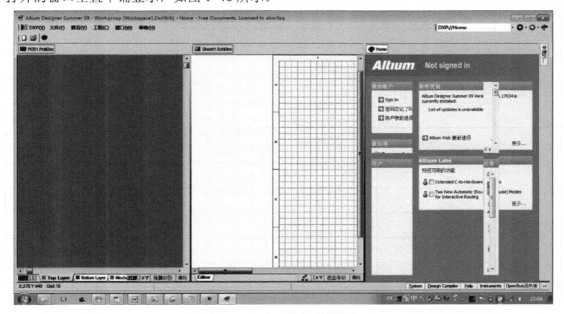

图1-48　窗口垂直平铺显示

（3）关闭所有窗口。选择菜单命令"窗口"｜"关闭所有文档"可以关闭当前所有打开的窗口，也同时关闭所有当前打开的文件。

 ### 任务实施 Altium Designer 9.0 中的窗口切换和面板管理

我们在相关知识中介绍了 Altium Designer 9.0 中的窗口切换和面板管理，在任务实施中，我们要进行上机操作完成以下内容。

（1）标签的打开或关闭。

（2）切换 Files 和 Projects 面板和库面板进行切换。

（3）实现窗口的水平和垂直排列。

（4）相关操作见相关知识部分，本处不再多述。

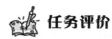 ### 任务评价

针对学生读者，在任务实施完成后，读者可以填写表 1-4，检测一下自己对本任务的掌握情况。

表 1-4 任务评价

任务名称				学时	2		
任务描述				任务分析			
实施方案				教师认可：			
问题记录	1.			处理方法	1.		
	2.				2.		
	3.				3.		
成果评价	评价项目		评价标准		学生自评（20%）	小组互评（30%）	教师评价（50%）
	1.		1. （x%）				
	2.		2. （x%）				
	3.		3. （x%）				
	4.		4. （x%）				
	5.		5. （x%）				
	6.		6. （x%）				

续表

教师 评语	评　　语：				
	成绩等级：			教师签字：	
小组 信息	班　　级		第　　组	同组同学	
	组长签字		日　　期		

项目自测题

1. Altium Designer Summer 9.0 的安装练习。
2. Altium Designer Summer 9.0 英文版转中文版练习。
3. Altium Designer Summer 9.0 的软件激活练习。
4. Altium Designer Summer 9.0 工作面板切换、显示和隐藏练习。

项目 2

PCB 工程及相关文件的创建

 **项目描述**

本项目主要介绍 Altium Designer 9.0 的文件结构、Altium Designer 9.0 的 "Proiects" 面板的两种文件：工程文件和 Altium Designer 9.0 设计时的临时文件（自由文档）。重点介绍了 Altium Designer 9.0 的工程文件、原理图文件、原理图元件库文件、PCB 文件、PCB 封装库文件的创建方法。

项目导学

本项目通过几个任务来介绍 Altium Designer 9.0 的工程文件、原理图文件、原理图元件库文件、PCB 文件、PCB 封装库文件的创建方法。通过学习，希望读者达到以下学习目标。

（1）掌握 Altium Designer 9.0 的文件结构。

（2）掌握 Altium Designer 9.0 的 "Proiects" 面板中的文件类别。

（3）了解如何复制工程文件。

（4）了解 Altium Designer 9.0 电路软件包含的功能。

（5）掌握建立工程文件的两种方法。

（6）掌握工程文件的各种文件后缀名。

（7）掌握建立原理图文件、原理图库文件、PCB 文件、PCB 库文件的方法。

任务 1　认识 Altium Designer 9.0 文件结构和文件管理系统

任务分析

本任务将介绍 Altium Designer 9.0 的文件结构，通过学习掌握 Altium Designer 9.0 的文件结构并能够建立和区分工程文件和自由文档（即临时文件）。

相关知识

1. Altium Designer 9.0 的文件组织结构

Altium Designer 9.0 的文件组织结构如图 2-1 所示。

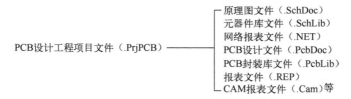

图 2-1 Altium Designer 9.0 的文件组织结构

Altium Designer 9.0 同样引入工程（*.PrjPCB 为扩展名）的概念，其中包含一系列的单个文件，如：原理图文件（.SchDoc）、元器件库文件（. SchLib）、网络报表文件（. NET）、PCB 设计文件（. PcbDoc）、PCB 封装库文件（. PcbLib）、报表文件（. REP）、CAM 报表文件（.Cam）等，工程文件的作用是建立与单个文件之间的链接关系，方便电路设计的组织和管理。

2. Altium Designer 9.0 的文件管理系统

在 Altium Designer 9.0 的"Proiects"面板中有两种文件：工程文件和 Altium Designer 9.0 设计时的临时文件。此外，Altium Designer 9.0 将单独存储设计时生成的文件。Altium Designer 9.0 中的单个文件（如原理图文件、PCB 文件）不要求一定处于某个设计工程中，它们可以独立于设计工程而存在，并且可以方便地移入和移出设计工程，也可以方便地进行编辑。

Altium Designer 9.0 文件管理系统给设计者提供了方便的文件中转，给大型设计带来了很大的方便。

1）工程文件

Altium Designer 9.0 支持工程级别的文件管理。在一个工程文件中包含有设计中生成的一切文件，如原理图文件、网络报表文件、PCB 文件以及其他报表文件等，它们一起构成一个数据库，完成整个设计。实际上，工程文件可以看做一个"文件夹"，里面包含有设计中需要的各种文件，在该"文件夹"中可以执行一切对文件的操作。

如图 2-2 所示为打开显示电路.PrjPCB 工程文件的展开，该文件中包含有自己的原理图文件显示电路.SCHDOC、PCB 文件显示电路 1.PcbDoc、显示电路.Pcbdoc、显示电路敷铜.Pcbdoc、原理图库文件显示电路.SchLib，PCB 库文件显示电路. Pcblib。

📖 **注意：**
> 工程文件中并不包括设计中生成的文件，工程文件只起到管理的作用。

如果要对整个设计工程进行复制、移动等操作时，需要对所有设计时生成的文件都进行操作。如果只复制工程将不能完成所有文件的复制，在工程中列出的文件将是空的。

2）自由文档

不从工程中新建，而直接从"文件"｜"新建"菜单中建立的文件称为自由文档，如图 2-3 所示。图 2-3 中标示出的自由文档，也是临时文件。

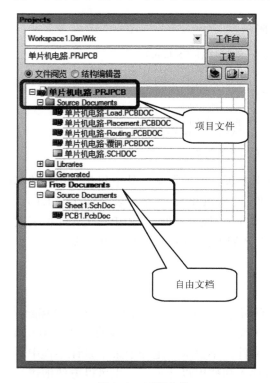

图 2-2 工程文件

图 2-3 自由文档

3）文件保存

在 Altium Designer 9.0 中存盘时，系统会单独地保存所有设计中生成的文件，同时也会保存工程文件。但是需要说明的是，文件存盘时，工程文件不像 Protel 99 SE 那样，所有设计时生成的文件都会保存在工程文件中，而是每个生成文件都有自己的独立文件。

> 📖 **注意:**
> 虽然 Altium Designer 9.0 支持单个文件，但是正规的电子设计，还是需要建立一个工程文件来管理所有设计中生成的文件。

 任务实施

我们前面介绍了文件结构和文件系统，下面我们进行实际的文件操作。

3．任务实施 1　建立和保存工程文件

（1）创建一个设计工程文件，保存该文件并命名为"My First Project"。执行菜单命令"文件"｜"新建"｜"工程"｜"PCB 工程"命令创建一个工程文件，如图 2-4 所示。

图 2-4　新建工程的命令

（2）执行菜单命令"文件"｜"保存工程为"，弹出一个对话框进行工程的保存，如图 2-5 所示，假设保存在 F 盘的 altium 9 文件夹下面，结果如图 2-6 所示。

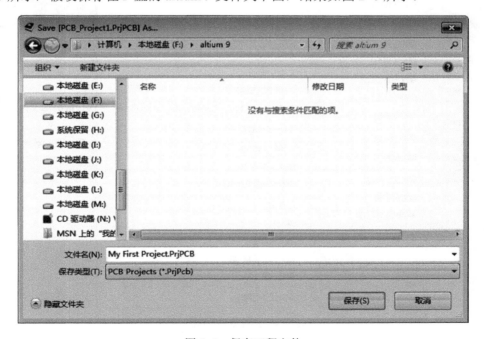

图 2-5　保存工程文件

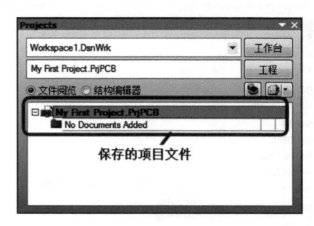

图 2-6　创建工程文件

4．任务实施2　自由文档和工程文件的变换

（1）执行"文件"｜"新建"｜"原理图"命令可以创建一个原理图文件，如图 2-7 所示。

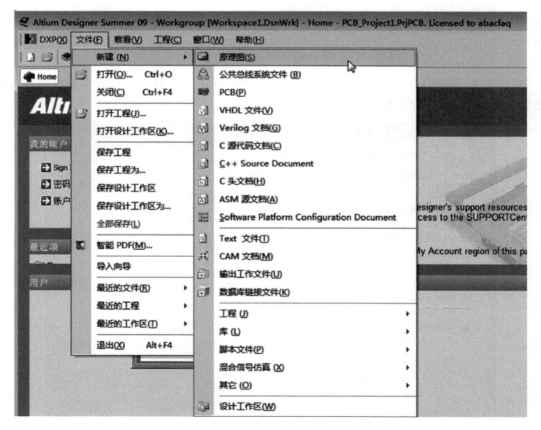

图 2-7　创建原理图文件

（2）创建后的原理图面板如图 2-8 所示。

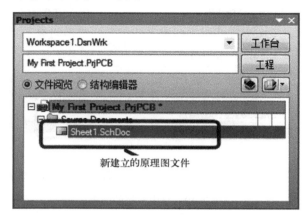

图 2-8   新建立的原理图面板

（3）移除原理图文件。从工程文件中移除原理图，如图 2-9 所示，让其变为自由文档，如图 2-10 所示。

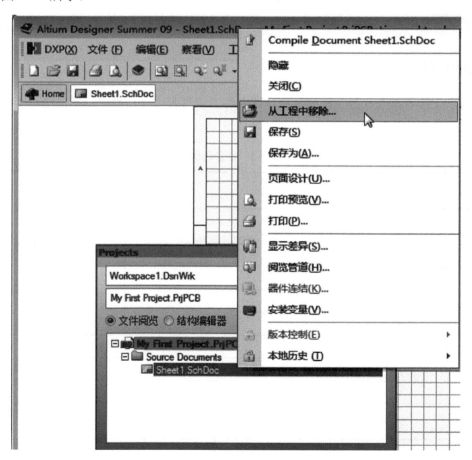

图 2-9   移除原理图

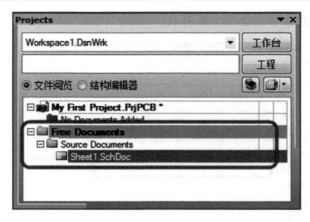

图 2-10　自由文档的面板

 任务评价

　　针对学生读者，在任务实施完成后，读者可以填写表 2-1，检测一下自己对本任务的掌握情况。

表 2-1　任务评价

任务名称				学时		2	
任务描述				任务分析			
实施方案				教师认可：			
问题记录	1.			处理方法	1.		
	2.				2.		
	3.				3.		
成果评价	评价项目		评价标准		学生自评（20%）	小组互评（30%）	教师评价（50%）
	1.		1.　　　（x%）				
	2.		2.　　　（x%）				

续表

	3.	3.	(x%)		
成果评价	4.	4.	(x%)		
	5.	5.	(x%)		
	6.	6.	(x%)		
教师评语	评　语：				
	成绩等级：			教师签字：	
小组信息	班　级		第　组	同组同学	
	组长签字		日　期		

任务 2　认识 Altium Designer 9.0 的原理图和 PCB 设计系统

🔧 任务分析

本任务将带领读者学习 Altium Designer 9.0 的原理图和 PCB 设计系统，这是学习电路设计必须要掌握的知识，读者朋友们学习本节后，要学会自己能够创建工程文件、原理图文件、原理图库文件、PCB 文件、PCB 库文件等 5 种文件。

本任务重点介绍原理图和 PCB 设计系统。本任务从新建一个工程文件开始，然后在工程文件中新建理图文件、新建原理图库文件、新建 PCB 文件、新建 PCB 库文件来进行讲述。

💡 相关知识

Altium Designer 9.0 作为一套电路设计软件，主要包含四个组成部分：原理图设计系统、PCB 设计系统、电路仿真系统、可编程程序设计系统。

（1）Schematic：电路原理图绘制部分，提供超强的电路绘制功能。设计者不但可以绘制电路原理图，还可以绘制一般的图案，也可以插入图片，对原理图进行注释。原理图设计中的元件由元件符号库支持，对于没有符号库的元件，设计者可以自己绘制元件符号。

（2）PCB：印制电路板设计部分，提供超强的 PCB 设计功能。Altium Designer 9.0 有完善的布局和布线功能，尽管 Protel 的 PCB 布线功能不能说是最强的，但是它的简单易用使得软件具有最强的亲和力。PCB 需要由元件封装库支持，对于没有封装库的元件，设计者可以自己绘制元件封装。

（3）SIM：Altium Designer 9.0 的电路仿真部分。在电路图和印制电路板设计完成后，需要对电路设计进行仿真，以便检查电路设计是否合理，是否存在干扰。

（4）PLD：Altium Designer 9.0 的可编程逻辑设计部分。本书对该部分功能不作讲述。

本任务重点讲解 PCB 和原理图设计系统。详细步骤将在任务实施部分进行介绍。

 **任务实施**

1. 任务实施1 新建一个工程文件

新建工程文件的方法有以下两种：

（1）在 Altium Designer 9.0 默认的"Files"面板中选择"新的"|"Blank Project（PCB）"（PCB 工程）选项，如图 2-11 所示。

（2）从"文件"菜单选项选择"新建"，再从"新建"子菜单选项中选择"工程"|"PCB 工程"，如任务 1 中的图 2-4 所示。

通过以上两种方式已经建立的工程文件如图 2-12 所示。

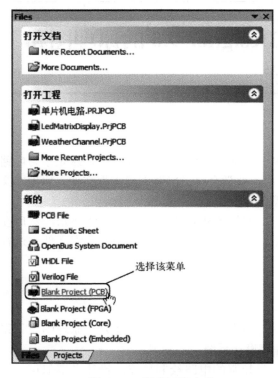

图 2-11 新建工程文件   图 2-12 工程文件

工程文件建立好后，可以在工程文件中建立单个文件。

2. 任务实施2 在工程项目中新建原理图文件

新建原理图文件的操作步骤如下：

（1）在工程文件 PCB_Project l.PrjPCB 上单击鼠标右键，在弹出的快捷菜单中选择"给工程添加新的" | "Schematic"（原理图）选项，如图 2-13 所示。

（2）执行前面的菜单命令后将在 PCB_Projectl. PrjPCB 工程中新建一个原理图文件，该文件将显示在 PCB_Project l.PrjPCB 工程文件中，被命名为 Sheet l.SchDoc，并自动打开原理图设计界面，该原理图文件进入编辑状态，如图 2-14 所示。

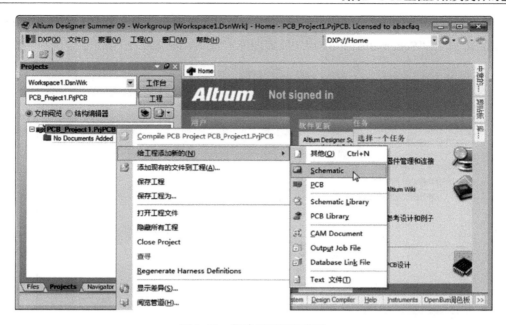

图 2-13 新建原理图的菜单

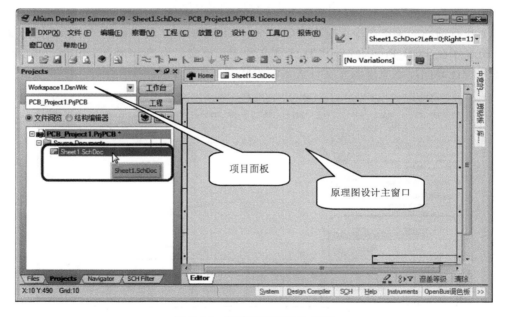

图 2-14 新建原理图设计界面

和 Protel 家族的其他软件一样，原理图设计界面包含菜单、工具栏和工作窗口，在原理图设计界面中默认的工作面板是"Project"（工程）面板。

3. 任务实施 3 在工程文件中新建原理图元件库文件

原理图设计时使用的是元件符号库。所谓原理图元件库文件是指元件符号库文件。
新建原理图元件库文件的步骤如下：

（1）在工程文件 PCB_Project l.PrjPCB 上单击鼠标右键，在弹出的快捷菜单中选择"给工程添加新的"｜"Schematic Library"（原理图库）选项，如图 2-15 所示。

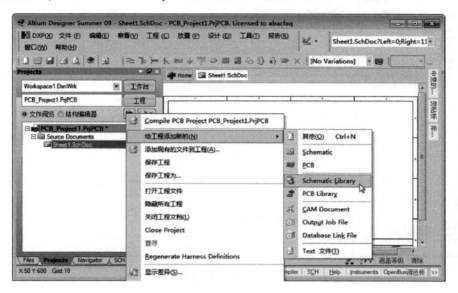

图 2-15　新建原理图库文件命令

（2）执行前面的菜单命令后将在 PCB_Project l.PrjPCB 工程中新建一个原理图库文件，该文件将显示在 PCB_Project l.PrjPCB 工程文件中，被命名为 SchLib l.SchLib，并自动打开原理图库设计界面，该原理图库文件进入编辑状态，如图 2-16 所示。

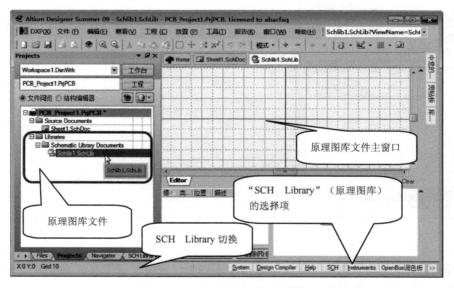

图 2-16　原理图库文件设计界面

和 Protel 家族的其他软件一样，原理图库文件设计界面包含菜单、工具栏和工作窗口，在原理图库设计界面中默认的工作面板是"Projects"面板，参见图 2-10。不过和原理图设计界面不同，在左下角将显示"SCH　Library"（原理图库）的选择项，单击该项后正式进入原理图库文件的编辑。

4. 任务实施4 在工程文件中新建 PCB 文件

建立工程文件后，可以在工程文件中新建 PCB 文件，进入 PCB 设计界面。

操作步骤如下：

（1）在工程文件 PCB_Project l.PrjPCB 上单击鼠标右键，在弹出的快捷菜单中选择"给工程添加新的"|"PCB"（印制电路板）选项，如图 2-17 所示。

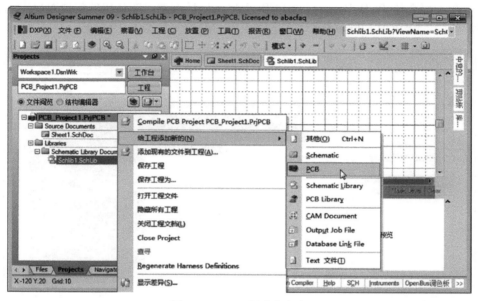

图 2-17 PCB 新建的命令

（2）执行前面的菜单命令后将在 PCB_Project l.PrjPCB 工程中新建一个 PCB 印制电路板文件，该文件将显示在 PCB_Project l.PrjPCB 工程文件中，被命名为 PCB l.PcbDoc，并自动打开 PCB 印制电路板设计界面，该 PCB 文件进入编辑状态，如图 2-18 所示。

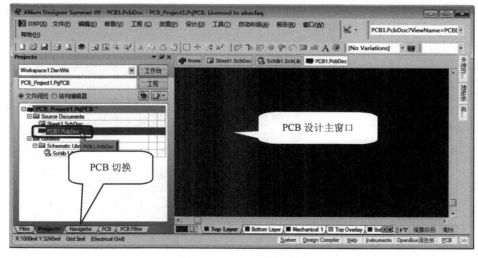

图 2-18 PCB 设计界面

此时的激活设计工程仍然是 PCB_Projectl．PrjPCB。不过和原理图设计界面不同，在左下角将显示"PCB"的选择项，单击该选项后正式进入 PCB 文件的编辑。

5．任务实施5　在工程文件中新建 PCB 封装库文件

PCB 设计时使用的是元件封装库。没有元件封装库元件将不会出现，如果从原理图转换为 PCB 时只会出现元件名称而没有元件的外形封装。

操作步骤如下：

（1）在工程文件 PCB_Project 1.PrjPCB 上单击鼠标右键，在弹出的快捷菜单中选择"给工程添加新的"|"PCB Library"（印制电路板库）选项，如图 2-19 所示。

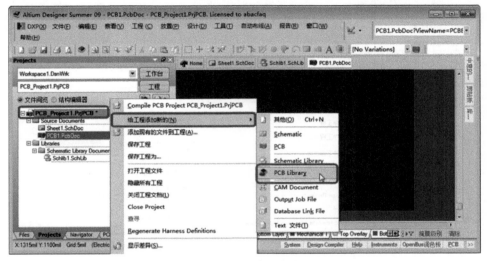

图 2-19　PCB 库文件新建菜单

（2）执行前面的菜单命令后将在 PCB_Projectl．PrjPCB 工程中新建一个 PCB 库文件，该文件将显示在 PCB_Project 1.PrjPCB 工程文件中，被命名为 PcbLib 1.PcbLib，并自动打开 PCB 库文件设计界面，该 PCB 库文件进入编辑状态，如图 2-20 所示。

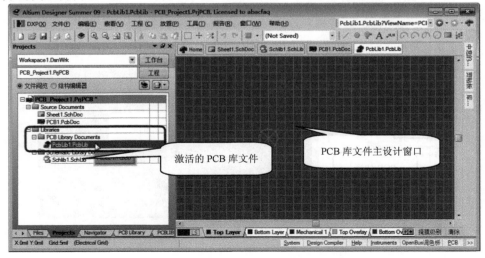

图 2-20　PCB 库设计界面

Altium Designer 9.0 中的常见设计界面至此已经介绍完毕，它们都有一个共同的组成：菜单、工具栏、工作面板和工作窗口。随着设计内容的不同，所有的组成部分将会有所不同，详细的内容将在以后的项目中介绍。

任务评价

在任务实施完成后，读者可以填写表 2-2，检测一下自己对本任务的掌握情况。

表 2-2　任务评价

<table>
<tr><td>任务
名称</td><td colspan="4"></td><td>学时</td><td>2</td></tr>
<tr><td>任务
描述</td><td colspan="4"></td><td>任务
分析</td><td></td></tr>
<tr><td rowspan="4">实施
方案</td><td colspan="4"></td><td colspan="2" rowspan="4">教师认可：</td></tr>
<tr><td colspan="4"></td></tr>
<tr><td colspan="4"></td></tr>
<tr><td colspan="4"></td></tr>
<tr><td rowspan="3">问题
记录</td><td colspan="3">1.</td><td rowspan="3">处理
方法</td><td colspan="2">1.</td></tr>
<tr><td colspan="3">2.</td><td colspan="2">2.</td></tr>
<tr><td colspan="3">3.</td><td colspan="2">3.</td></tr>
<tr><td rowspan="7">成果
评价</td><td>评价项目</td><td colspan="2">评价标准</td><td>学生自评
（20%）</td><td>小组互评
（30%）</td><td>教师评价
（50%）</td></tr>
<tr><td>1.</td><td colspan="2">1.　　　（x%）</td><td></td><td></td><td></td></tr>
<tr><td>2.</td><td colspan="2">2.　　　（x%）</td><td></td><td></td><td></td></tr>
<tr><td>3.</td><td colspan="2">3.　　　（x%）</td><td></td><td></td><td></td></tr>
<tr><td>4.</td><td colspan="2">4.　　　（x%）</td><td></td><td></td><td></td></tr>
<tr><td>5.</td><td colspan="2">5.　　　（x%）</td><td></td><td></td><td></td></tr>
<tr><td>6.</td><td colspan="2">6.　　　（x%）</td><td></td><td></td><td></td></tr>
<tr><td rowspan="2">教师
评语</td><td colspan="6">评　语：</td></tr>
<tr><td colspan="6">成绩等级：　　　　　　　　　　　　　　　　　　　教师签字：</td></tr>
<tr><td rowspan="2">小组
信息</td><td>班　级</td><td></td><td>第　组</td><td>同组同学</td><td colspan="2"></td></tr>
<tr><td colspan="2">组长签字</td><td></td><td>日　期</td><td colspan="2"></td></tr>
</table>

项目自测题

1．Altium Designer 9.0 的文件结构如何？

2．Altium Designer 9.0 的单个文件的后缀名是怎样的？

3．Altium Designer 9.0 的文件系统包含哪些？

4．Altium Designer 9.0 的工程文件和单个文件的建立方法是怎样的？

5．上机操作：读者自己建立一个工程文件，并在工程文件中建立单个文件。

项目 3

原理图编辑器的操作

项目描述

本项目分 10 个任务对原理图的编辑器环境进行介绍和操作，在本项目中首先简介电路图设计过程，然后讲述了电路图设计系统、原理图图纸设置、原理图的模板设计、原理图的注释、打印等内容。

项目导学

本项目介绍原理图设计的环境，以及设计的一些前期工作。读者学习后要达到以下要求：

1. 了解原理图的组成。
2. 了解原理图的总体设计流程。
3. 熟悉原理图设计界面。
4. 掌握原理图图纸设置的要点。
5. 掌握原理图中的视图和编辑操作。

任务 1　认识原理图的设计过程和原理图的组成

任务分析

在学习 Altium Designer 9.0 绘制原理图时，首先要明确原理图的设计步骤，一张原理图中到底包含哪些符号。本任务将给读者进行介绍。

相关知识

1. 原理图的设计过程

本任务将简要介绍原理图的总体设计过程。

原理图的设计可按下面过程来完成：

（1）设计图纸大小：在进入 Altium Designer 9.0 Schematic（原理图）后，首先要构思零件图，设计好图纸大小。图纸大小是根据电路图的规模和复杂程度而定的，设置合适的图纸大小是设计原理图的第一步。

（2）设置 Altium Designer 9.0 Schematic（原理图）的设计环境，设置好格点大小、光标类型等参数。

（3）放置元件：用户根据电路图的需要，将零件从零件库里取出放置到图纸上，并对放置零件的序号、零件封装进行定义。

（4）原理图布线：利用 Altium Designer 9.0 Schematic（原理图）提供的各种工具，将图纸上的元件用具有电气意义的导线、符号连接起来，构成一个完整的原理图。

（5）调整线路：将绘制好的电路图作调整和修改，使得原理图布局更加合理。

（6）报表输出：通过 Altium Designer 9.0 Schematic（原理图）的报表输出工具生成各种报表，最重要的网络表。只是现在不需要单独生成网络表，也可以实现与 PCB 的转换。

（7）文件保存并打印：将已经设计好的原理图保存并打印。

2．原理图的组成

设计原理图要首先弄清楚原理图是如何组成的。

原理图是印制电路板在原理上的表现，在原理图上用符号表示了所有的 PCB 板的组成部分。如图 3-1 所示为一张电路原理图。

下面以图 3-1 为例来分析原理图的构成。

（1）元件：在 Altium Designer 9.0 的原理图设计中，元件将以元件符号的形式出现，元件符号主要由元件引脚和边框组成。

（2）铜箔：在 Altium Designer 9.0 的原理图设计中，铜箔分别有如下表示：

导线：原理图设计中导线也有自己的符号，它将以线段的形式出现。在 Altium Designer 9.0 中还提供了总线用于表示一组信号，它在 PCB 上将对应一组铜箔组成的实际导线。如图 3-2 所示为在原理图中采用的一根导线，该导线有线宽的属性，但是这里导线的线宽只是原理图中的线宽，并不是实际 PCB 板上的导线宽度。

焊盘：元件的引脚将对应 PCB 上的焊盘。

过孔：原理图上不涉及 PCB 的走线，因此没有过孔。

敷铜：原理图上不涉及 PCB 的敷铜。

（3）丝印层：丝印层是 PCB 板上元件的说明文字，包括元件的型号、标称值等各种参数，在原理图上丝印层上的标注对应的是元件的说明文字。

（4）端口：在 Altium Designer 9.0 的原理图编辑器中引入的端口不是平时所说的硬件端口，而是为了在多张原理图之间建立电气连接而引入的具有电气特性的符号。如图 3-3 所示为其他原理图中采用的一个端口，该端口将可以和其他原理图中同名的端口建立一个跨原理图的电气连接。

（5）网络标号：网络标号和端口功能相似，通过网络标号也可以建立电气连接。如图 3-4 所示为一个原理图中采用的一个网络标号，在该图中如果在不同地方出现了两个网络标号 TXA，则这两个 TXA 所代表的电路具有电气连接。在原理图中网络标号必须附加在导线、总线或者元件引脚上。在今后的原理图绘制中读者将会看到网络标号的存在。

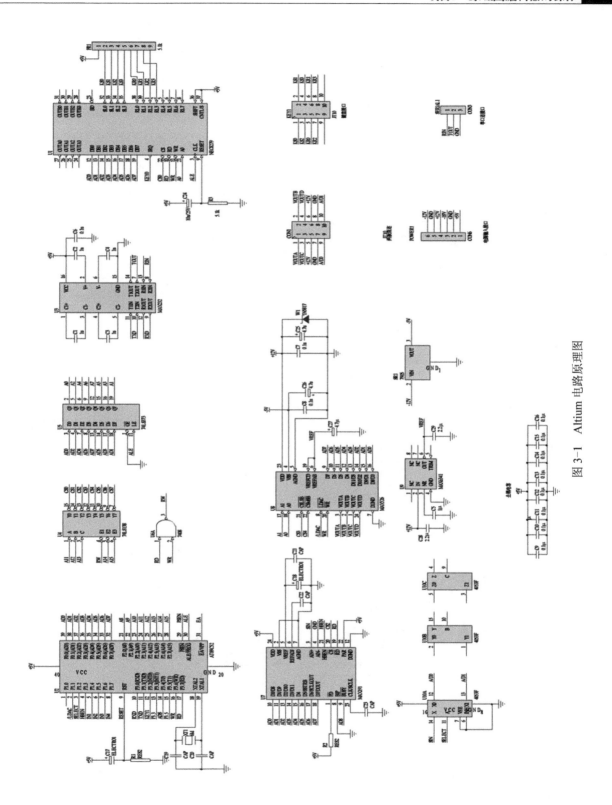

图 3-1 Altium 电路原理图

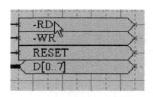

图 3-2 原理图中的导线　　　　　　　　　　图 3-3 原理图中使用的端口

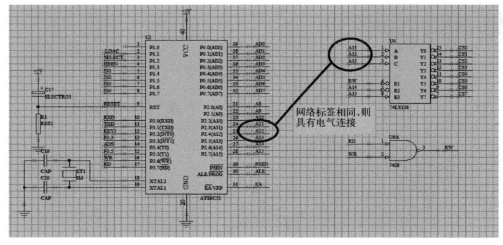

图 3-4 网络标号

（6）电源符号：这里的电源符号只是标注原理图上的电源网络，并非实际的供电器件。如图 3-5 所示为在原理图中采用的一个电源符号，通过导线和该电源符号连接的引脚将处于名称为 VCC 或者 GND 的电源网络中。

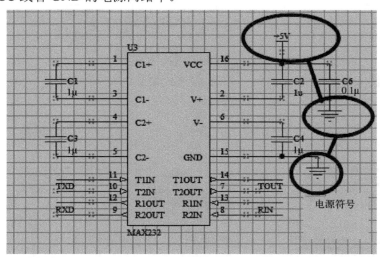

图 3-5 原理图中使用的电源符号

综上所述，绘制的 Altium Designer 9.0 原理图由各种元件组成，它们通过导线建立电气连接。在原理图上除了有元件之外，还有一系列其他组成部分帮助建立起正确的电气连接，整个原理图能够和实际的 PCB 对应起来。

📖 **注意：**

原理图作为一张图，它是绘制在原理图图纸上的，它全部是符号，没有涉及实物，因此原理图上没有任何的尺寸概念。原理图最重要的用途就是为 PCB 设计提供元件信息和网络信息，并帮助设计者更好地理解设计原理。

 任务实施 总结原理图的设计流程

在前面介绍了原理图的设计流程，同时介绍了原理图的组成。下面请读者完成两个操作。

（1）用流程框图的形式在 Word 中画出原理图的设计流程。

（2）下面给出一张原理图，如图 3-6 所示。总结出该图中的原理图符号。

 任务评价

在任务实施完成后，读者可以填写表 3-1，检测一下自己对本任务的掌握情况。

表 3-1 任务评价

任务名称			学时		2	
任务描述			任务分析			
实施方案			教师认可：			
问题记录	1. 2. 3.		处理方法	1. 2. 3.		
成果评价	评价项目		评价标准	学生自评（20%）	小组互评（30%）	教师评价（50%）
	1.		1.　　（x%）			
	2.		2.　　（x%）			
	3.		3.　　（x%）			
	4.		4.　　（x%）			
	5.		5.　　（x%）			
	6.		6.　　（x%）			
教师评语	评 语： 成绩等级：				教师签字：	
小组信息	班 级		第 组	同组同学		
	组长签字		日 期			

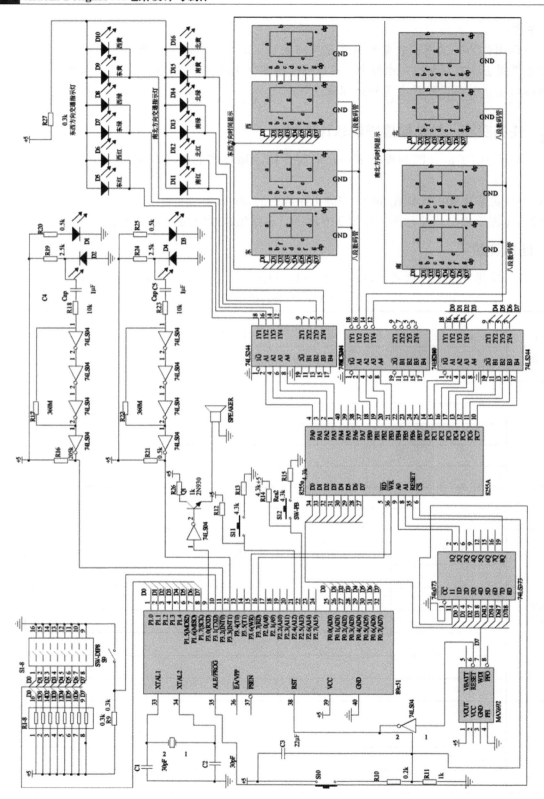

图 3-6 某原理图

任务 2 认识 Altium Designer 9.0 原理图
文件及原理图工作环境

任务分析

在项目 2 中介绍了原理图文件的创建方法，本任务主要介绍原理图的设计环境。

相关知识

1. 创建原理图文件

Altium Designer 9.0 的原理图设计器提供了高速、智能的原理图编辑手段，能够提供高质量的原理图输出结果。它的元件符号库非常的丰富，最大限度地覆盖了众多的电子元件生产厂家的繁复庞杂的元件类型。元件的连线使用自动化的画线工具，然后通过功能强大的电气法则检查（ERC），对所绘制的原理图进行快速检查，所有这一切使得设计者的工作变得十分快捷。

在绘制原理图前需要先建立一个工程文件和原理图文件，在新建工程之前，需要为该工程新建一个文件夹。文件夹可以建立在计算机的本地硬盘的任意一个位置上，比如在 F 盘上建立一个文件夹 "Altium Designer 9.0"，本任务中生成的文件以及今后和该工程相关的文件将全部保存在该目录中。具体创建方法可以参见项目 2 中的任务 2。在本任务实施中读者可以自行操作建立一个原理图文件。

创建原理图文件后，原理图设计窗口自动处于编辑状态，如图 3-7 所示。

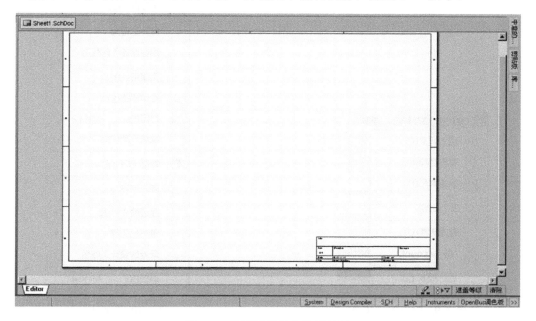

图 3-7 处于编辑状态的原理图

2．原理图的主菜单

原理图设计界面包括四个部分，分别是主菜单、主工具栏、左边的工作面板和右边的工作窗口，其中的主菜单如图 3-8 所示。

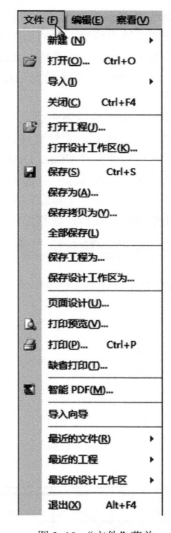

图 3-8　原理图设计界面中的主菜单

在主菜单中，可以找到绘制新原理图所需要的所有操作，这些操作如下所示：

（1）"DXP"：该菜单大部分功能为高级用户设定，可以设定界面内容，察看系统信息等，如图 3-9 所示。

（2）"文件"：主要用于文件操作，包括新建、打开、保存等功能，如图 3-10 所示。

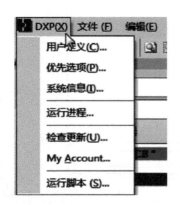

图 3-9　"DXP"菜单

图 3-10　"文件"菜单

（3）"编辑"：用于完成各种编辑操作，包括撤销/恢复操作、选取/取消对象选取、复制、粘贴、剪切、移动、排列、查找文本等功能，如图 3-11 所示。

（4）"察看"：用于视图操作，包括工作窗口的放大/缩小、打开/关闭工具栏、显示格点、工作区面板、桌面布局等功能，如图 3-12 所示。

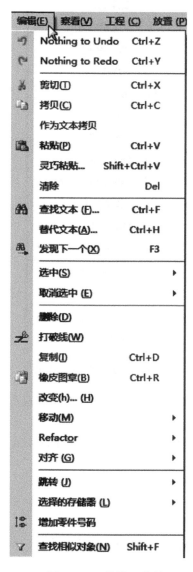

图 3-11　"编辑"菜单

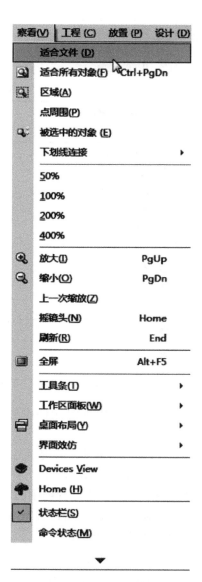

图 3-12　"察看"菜单

（5）"工程"：用于完成工程相关的操作，包括新建工程、打开工程、关闭工程等文件操作，此外，还有工程比较、在工程中增加文件、增加工程、删除工程等操作，如图 3-13 所示。

（6）"放置"：用于放置原理图中的各种电气元件符号和注释符号，如图 3-14 所示。

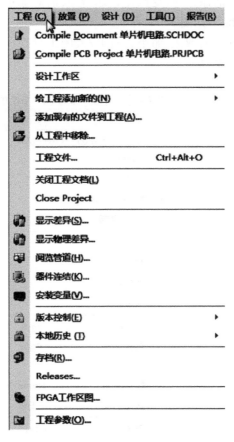

图 3-13 "工程"菜单

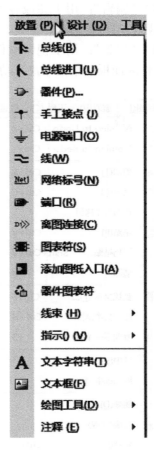

图 3-14 "放置"菜单

（7）"设计"：用于对元件库进行操作，生成网络报表、层次原理图设计等操作，如图 3-15 示。

（8）"工具"：为设计者提供各种工具，包括元件快速定位、原理图元件标号注解、信号完整性等，如图 3-16 所示。

（9）"报告"：产生原理图中的各种报表，如图 3-17 所示。

（10）"视窗"：改变窗口显示方式、切换窗口。

（11）"帮助"：提供帮助。

以上主菜单的具体应用，会在 PCB 设计的例子中进行较为详细的介绍。

3．原理图中的主工具栏

在原理图设计界面中提供了齐全的工具栏，其中绘制原理图常用的工具栏包括：

（1）"标准"工具栏：该栏提供了常用的文件操作、视图操作和编辑功能操作等，该工具栏如图 3-18 所示，将鼠标指针放置在图标上会显示该图标对应的功能。

（2）"画线"工具栏：该栏中列出了建立原理图所需要的导线、总线、连接端口等工具，该工具栏如图 3-19 所示。

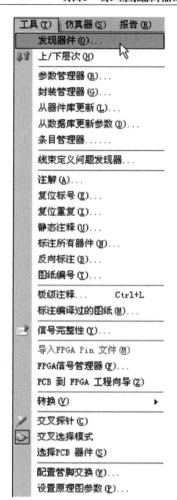

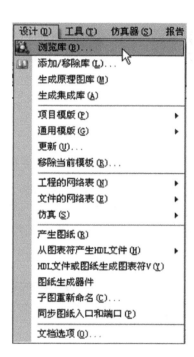

图 3-15 "设计"菜单

图 3-16 "工具"菜单

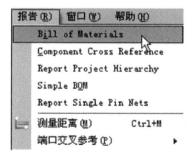

图 3-17 "报告"菜单

图 3-18 "标准"工具栏

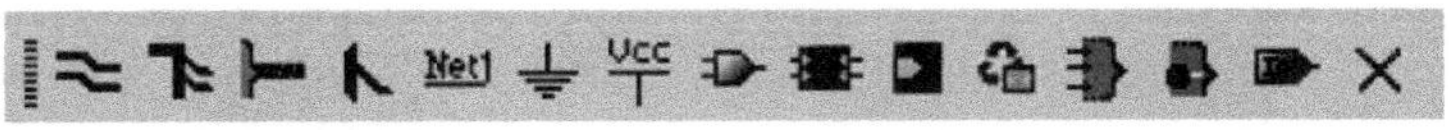

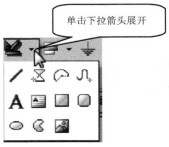

图 3-19　"画线"工具栏

（3）"画图"工具栏：该栏中列出了常用的绘图和文字工具等工具，该工具栏如图 3-20 所示。

单击下拉箭头展开

图 3-20　"画图"工具栏

📖 **注意：**

　　通过主菜单中"察看"菜单的操作可以很方便地打开或关闭工具栏。单击"察看"选择"工具条"菜单选项，在如图 3-21 所示的级联菜单中单击各个下级菜单，可以使工具栏中的下级菜单打开或关闭，打开的工具栏将有一个"∨"显示。如果要关闭工具栏只要在打"∨"的下级菜单上单击即可关闭。

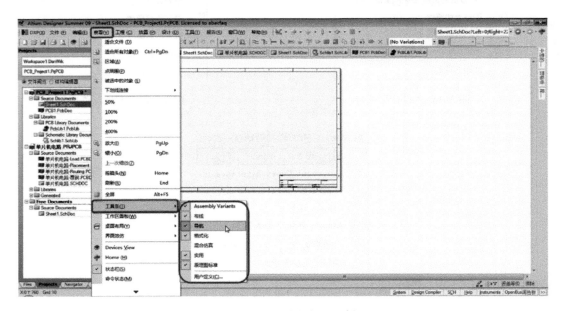

图 3-21　打开或关闭工具栏

4．原理图的工作面板

在原理图设计中经常要用到的工作面板有以下 3 个：

（1）"Projects"（工程）面板：该面板如图 3-22 所示，在该面板中列出了当前打开工程的文件列表以及所有的临时文件。在该面板中提供了所有有关工程的功能：可以方便地打开、关闭和新建各种文件，还可以在工程中导入文件、比较工程中的文件等。

（2）"元件库"面板：该面板如图 3-23 所示，在该面板中可以浏览当前加载了的所有元件库，通过该面板可以在原理图上放置元件，此外还可以对元件的封装、SPICE 模型和 SI 模型进行预览。

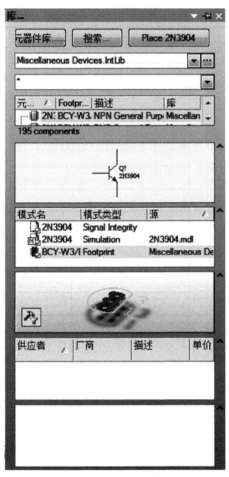

图 3-22 "Projects"（工程）面板　　　　图 3-23 "元件库"面板

（3）"Navigator"（导航）面板：该面板在分析和编译原理图后能够提供原理图的所有信息，通常用于检查原理图。

 任务实施　认识工程文件和原理图文件的环境

经过前面的介绍，读者完成下面两个操作。

（1）建立一个工程文件，并在工程文件中建立一个原理图文件。要求：在 F 盘上建立一个文件夹"Altium Designer 9.0"，然后将工程文件名默认，保存在这个文件夹下面，同时，在默认的工程文件上再建立一个原理图文件。

（2）建立原理图文件后，操作各个主菜单，鼠标移动打开主菜单中的二级或三级菜单，然后进行记录或截图说明，有哪些主菜单，有哪些二级或三级菜单。

任务评价

在任务实施完成后，读者可以填写表 3-2，检测一下自己对本任务的掌握情况。

表 3-2　任务评价

任务名称			学时		2
任务描述			任务分析		
实施方案			教师认可：		
问题记录	1. 2. 3.		处理方法	1. 2. 3.	

成果评价	评价项目	评价标准	学生自评（20%）	小组互评（30%）	教师评价（50%）
	1.	1.　　　（x%）			
	2.	2.　　　（x%）			
	3.	3.　　　（x%）			
	4.	4.　　　（x%）			
	5.	5.　　　（x%）			
	6.	6.　　　（x%）			

| 教师评语 | 评　语：
成绩等级：　　　　　　　　　　　　　　　　教师签字： | | | | |

小组信息	班　级		第　组	同组同学	
	组长签字			日　期	

任务 3　设置原理图的图纸

任务分析

在前面的任务中介绍了原理图的文件创建，同时介绍了原理图的环境，明白了前面的操作后，本任务将介绍原理图设计前的图纸设置，与我们用 Word 办公一样，要设置图纸。

相关知识

1．默认的原理图窗口

在新建一个原理图文件后，出现一个默认的原理图编辑窗口，如图 3-24 所示。在该窗口中有很多区域，图中所标示的区域都是要经常使用的，在图中进行了文字说明，请注意文字内容。

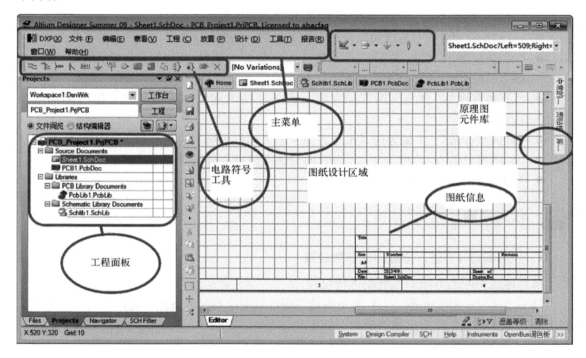

图 3-24　原理图的默认窗口

2．默认图纸的设置

在图 3-24 中是新建一个原理图后的默认环境，可以更改这个环境中原理图的图纸大小，也可以修改图 3-24 中右下角的原理图默认设计信息区域。具体操作步骤在任务实施中进行介绍。

3．自定义图纸格式

除了可以直接使用标准图纸之外，设计者还可以使用自定义的图纸。有关自定义图纸的设置如图 3-25 所示。

自定义图纸的步骤如下：

（1）选中"使用自定义风格"（使用自定义样式）复选框，表示使用自定义图纸。

（2）在随后的选项中输入对应数值，定义想要的图纸。

图 3-25　自定义图纸的设置

图 3-25 所示对话框中各项的意义如下：

● "定制宽度"：自定义图纸的宽度。在该软件中支持的最大自定义图纸的宽度为 1500mil。

● "定制高度"：自定义图纸的高度。在该软件中支持的最大自定义图纸的高度为 950mil。

● "X 区域计数"：X 轴方向（水平方向）参考边框划分的等分个数。

● "Y 区域计数"：Y 轴方向（垂直方向）参考边框划分的等分个数。

● "刃带宽"：边框宽度。

 任务实施

4．任务实施 1　进入原理图的参数设置

可以通过不同的方法对原理图进行设置。

（1）方法一：可以在图 3-24 所示的原理图区域中单击鼠标右键，选择"选项"｜"文档选项"可以启动原理图设置的窗口，如图 3-26 所示。

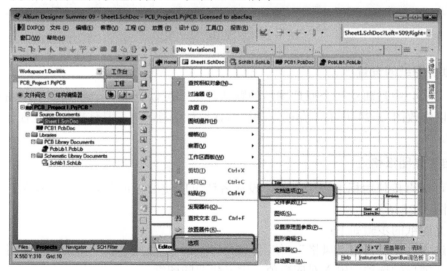

图 3-26　选择"选项"｜"文档选项"

（2）方法二：在主菜单"设计"上，选择"文档选项"，同样可以启动原理图的图纸设置，如图 3-27 所示。

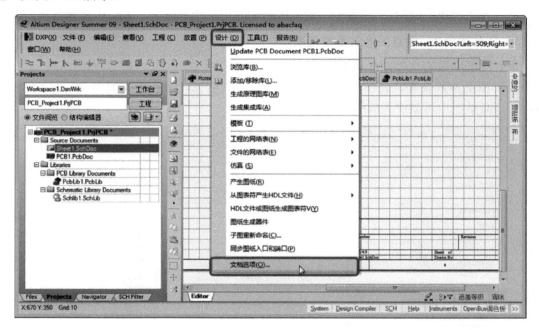

图 3-27 选择"设计"｜"文档选项"

（3）两种方法都可以启动原理图的设置对话框。图 3-28 是原理图的默认图纸设置对话框，在该对话框中可以设置图纸的各项参数。

图 3-28 原理图默认图纸设置对话框

（4）在该对话框中包含"模板"、"选项"、"栅格（格点）"、"电栅格（电气格点）"、"标准风格"（标准样式）和"定制类型"（自定义样式）六栏以及更改系统字体的按钮。

（5）在"选项"（参数）选项卡，设置图纸的方位、边界颜色、方块电路颜色等内容。

5．任务实施2　设置图纸的基本选项

设置图纸参数的具体操作如下：

（1）图纸参数设置，将图 3-28 切换到"参数"标签，将弹出如图 3-29 所示的对话框，在该对话框中可以设置图纸的参数选项。

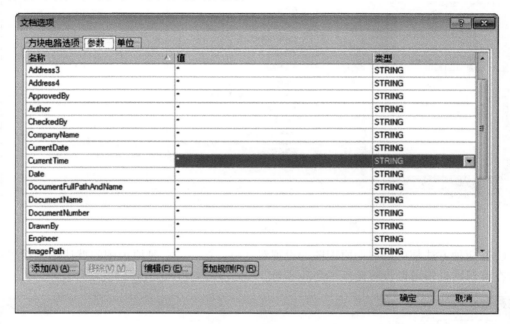

图 3-29　设置图纸参数选项

（2）在图 3-29 所示的对话框中拖动右侧的滚动条，可以发现有很多设置选项，其中常用的选项包括：

- "Address"：绘制该原理图的公司或者个人的地址。
- "ApprovedBy"：该原理图的核实者。
- "Author"：该原理图的作者。
- "CheckedBy"：该原理图的检查者。
- "CompanyName"：该原理图所属公司。
- "CurrentDate"：绘制原理图的日期。
- "CurrentTime"：绘制原理图的时间。
- "DocumentName"：该文档的名称。
- "SheetNumber"：该原理图在整个设计工程所有原理图中的编号。
- "Sheet Total"：整个工程拥有的原理图数目。
- "Title"：该原理图的名称。

由下面的列表框可见，Altium Designer 9.0 使得设计者可以更加方便地管理原理图，整个软件变得更加完善。

6. 任务实施 3 增加图纸信息区域信息

在图纸信息区域中增加设计信息的步骤如下：

（1）在图 3-29 中增加一些图纸的设计信息，如图 3-30 所示。在该图中输入了作者、日期、文件名字、图纸标题"Title"（输入显示电路）。可以拖动滚动条在 Title 处输入标题，如图 3-31 所示。

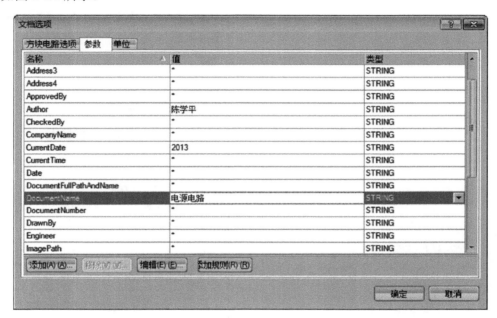

图 3-30 增加一些图纸信息

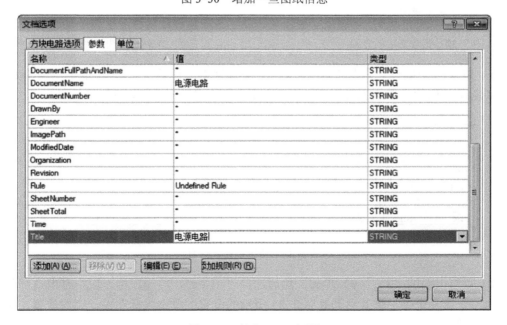

图 3-31 输入 Title 标题

（2）单击"确定"按钮。

（3）在图纸右下角显示相关的设计信息。如显示设计者和图纸的标题。单击主菜单中的"放置"|"文本字符串"。

（4）出现如图 3-32 所示的光标带着一串文字。

（5）按键盘上的"Tab"键，弹出一个"注释"对话框，在该对话框"属性"区域中选择"文本"后面的下拉箭头，选择"=Author"，如图 3-33 所示.

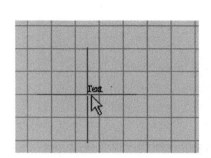

图 3-32　带着文字的光标　　　　　　图 3-33　选择"=Author"

（6）然后移动鼠标，鼠标带着选择的文字设计者"陈学平"这几个字，将其移动到图 3-34 所示的位置中单击鼠标左键，完成放置，然后再单击鼠标右键，结束放置。

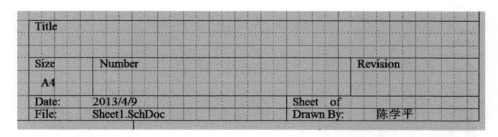

图 3-34　放置设计者信息

（7）重复上面的（3）、（4）步骤，然后选择"=Title"，移动鼠标，鼠标带着选择的文字"电源电路"这几个字，将其移动到图 3-35 所示的位置中单击鼠标左键，完成放置，然后再单击鼠标右键，结束放置。

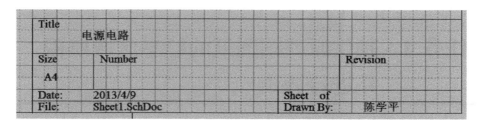

图 3-35 放置图纸信息区域内容后的标题

（8）经过上面的设置，图纸中就出现了相关的一些基本信息，如设计者、图纸的标题、图纸的设计日期等。

 任务评价

针对学生读者，在任务实施完成后，读者可以填写表 3-3，检测一下自己对本任务的掌握情况。

表 3-3 任务评价

任务名称			学时	2	
任务描述			任务分析		
实施方案			教师认可：		
问题记录	1.		处理方法	1.	
	2.			2.	
	3.			3.	
成果评价	评价项目	评价标准	学生自评（20%）	小组互评（30%）	教师评价（50%）
	1.	1. （x%）			
	2.	2. （x%）			
	3.	3. （x%）			
	4.	4. （x%）			
	5.	5. （x%）			
	6.	6. （x%）			
教师评语	评 语： 成绩等级：			教师签字：	
小组信息	班 级		第 组	同组同学	
	组长签字		日 期		

任务 4　制作原理图图纸的信息区域模板并进行调用

任务分析

Altium Designer 提供了大量的原理图的图纸模板供用户调用，这些模板存放在 Altium Designer 安装目录下的 Templates 子目录里，用户可根据实际情况调用。但是针对特定的用户，这些通用的模版常常无法满足图纸需求，Altium Designer 提供了自定义模板的功能，本任务将介绍原理图设计信息区域模板的创建和调用方式。

相关知识

1．创建原理图图纸模板

创建原理图图纸模板，需要在前面介绍的设置图纸信息区域的知识基础上来进行。
简要介绍完成的步骤，详细步骤见任务实施部分。

（1）新建一个空白原理图。
（2）进入原理图的图纸参数设置选项中。
（3）在图纸参数选项中，设置图纸单位为 mm。
（4）选择自己定义图纸，可以定义 16 开的图纸。
（5）用画线工具画一个图纸信息区域，然后输入文字。
（6）通过放置文本字符串的命令，放置相关的设计信息。详细步骤见任务实施。

2．原理图图纸模板文件的调用

在前面介绍了原理图图纸模板的制作方法，制作好后，设计原理图时图纸信息区域部分就可以进行调用了。

（1）在调用时需要首先建立一个空白的原理图文件，并且要删除旧的原理图模板。
（2）然后出现选择文档范围对话框，在该对话框中选择相应的选项。
该对话框中的"选择文档"有三个选项，用来设置操作的对象范围，其中：

- "仅仅该文档"表示仅仅对当前原理图文件进行操作，即移除当前原理图文件调用的原理图图纸模板。
- "当前工程的所有原理图文档"表示将对当前原理图文件所在的工程中的所有原理图文件进行操作，即将移除当前原理图文件所在的工程中所有的原理图文件调用的原理图图纸模板。
- "所有打开的原理图文档"表示将对当前所有已打开的原理图文件进行操作，即移除当前打开的所有原理图文件调用的原理图图纸模板。

假如选择"仅仅该文档"，就会提示移除原有的模板。

（3）选择主菜单中的"设计" | "通用模板" | "Choose a File"命令，调用自己创

建的新的模板文件，然后在"更新模板"对话框中进行选择，选择的选项是："仅该文档"
单选按钮和"仅添加模板中存在的新参数"，单击"确定"按钮即可。详细步骤见任务实施
部分。

 任务实施

3. 任务实施1 新建原理图的图纸模板

本任务将通过创建一个纸型为 16 开的文档模板的实例，介绍如何自定义原理图图纸模
板，以及如何调用原理图图纸参数。

（1）单击工具栏中的"文件"，选择"新建"｜"原理图"命令，建立一个空白原理图
文件。

（2）在原理图上任意位置单击鼠标右键，在弹出的对话框中选择"选项"｜"文档选
项"命令，打开"文档选项"对话框，如图 3-36 所示。

图 3-36 "文档选项"对话框

（3）在"文档选项"对话框中的"方块电路选项"标签中取消选择"标题块"复选
框，然后单击"单位"标签。

（4）在"单位"标签中的"公制单位系统"选择区域中勾选"使用公制单位系统"，在
激活的"习惯公制单位"下拉列表中选择"Millimeters"，将原理图图纸中使用的长度单位
设置为毫米，如图 3-37 所示。

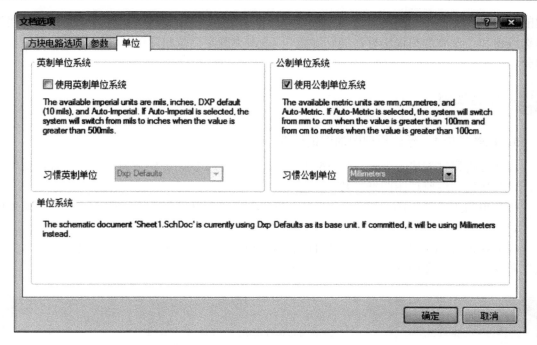

图 3-37   设置原理图图纸中使用的长度单位为毫米

（5）回到图 3-36 中，在"方块电路选项"标签中勾选"定制类型"选择区域中的"使用定制类型"复选框，然后输入相应的值，如图 3-38 所示，单击"确定"按钮。

图 3-38   设置图纸

（6）通过以上步骤创建了一个如图 3-39 的空白图纸。

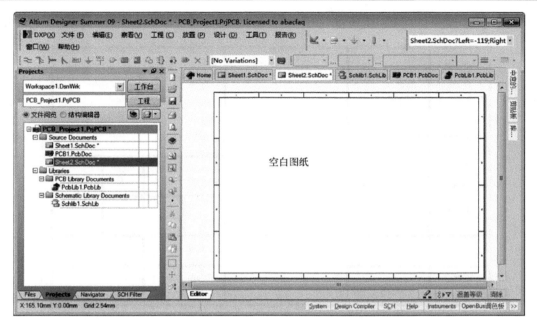

图 3-39 空白图纸

（7）单击工具栏中的"绘图"工具按钮，在弹出的工具面板中选择绘制直线工具按钮"/"，按"Tab"键，打开直线属性对话框，然后设置直线的颜色为黑色。

（8）在图纸的右下角绘制如图 3-40 所示的图纸信息区域栏边框。

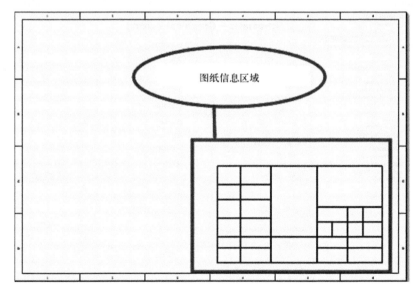

图 3-40 图纸信息区域栏边框

（9）单击主菜单中的"放置"｜"A 文本字符串"命令，按"Tab"键，打开属性对话框，然后设置文字的颜色、字体、字形、大小，并输入文字的内容，单击"确定"按钮。将"标题"两个字放好。

（10）再次按"Tab"键，打开属性对话框，设置字体，按照图 3-41 所示添加其他的文字。

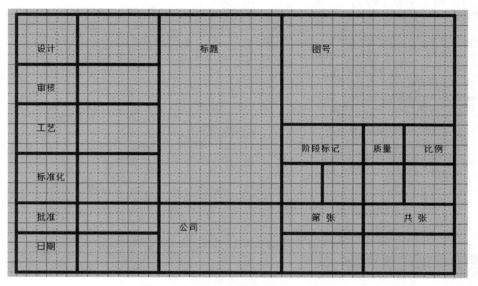

图 3-41　添加其他文字

（11）选择"工具"｜"设置原理图参数"命令，打开对话框，在对话框左边的树形列表中选择"Schematic→Graphical Editing"选项，在选项页中勾选"转化特殊字符"，然后单击"确定"按钮，如图 3-42 所示。

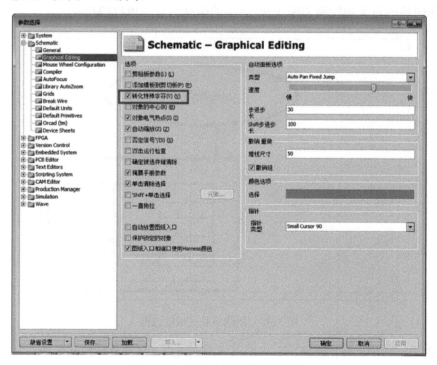

图 3-42　勾选"转化特殊字符"

（12）在原理图上任意位置单击鼠标右键，在弹出的对话框中选择"选项"｜"文档选项"命令，打开"文档选项"对话框，单击"参数"标签，如图 3-43 所示在相应的位置输入参数，单击"确定"按钮。

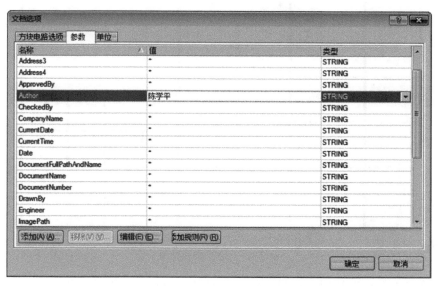

图 3-43 输入参数值

（13）单击工具栏中的"绘图"工具按钮，在弹出的工具面板中选择添加放置文本按钮 A，按"Tab"键，打开属性对话框，然后在属性选择区域中的文本下拉列表中选中"=Title"，如图 3-44 所示，并单击"确定"按钮。

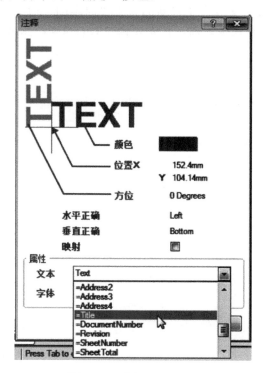

图 3-44 选择"=Title"

（14）重复（13）选择所需的变量，结果如图 3-45 所示。

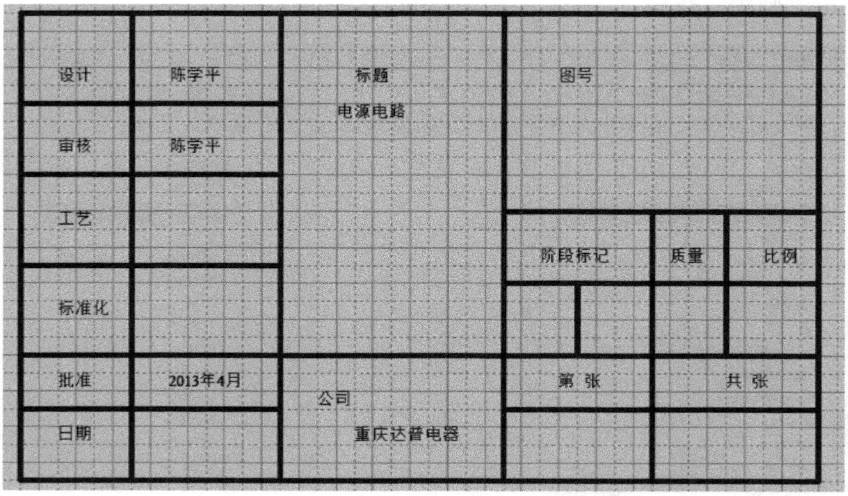

设计	陈学平	标题	图号
		电源电路	
审核	陈学平		
工艺			
			阶段标记 质量 比例
标准化			
批准	2013年4月	公司	第 张 共 张
日期		重庆达普电器	

图 3-45　绘制成的结果

（15）单击"保存"按钮，在弹出的保存对话框中设置文件的后缀名为".SchDot"，单击"保存"按钮。

4．任务实施 2　调用已经创建的原理图模板

本任务实施中介绍模板文件的调用方法。

（1）在主菜单中执行"文件"｜"新的"｜"原理图"命令，新建一个空白原理图文件。在调用新的原理图图纸模板之前，首先要删除旧的原理图图纸模板。

（2）在主菜单中执行"设计"｜"模板"｜"移除当前模板"命令，如图 3-46 所示，然后打开如图 3-47 所示的"Remove Template Graphics"对话框。

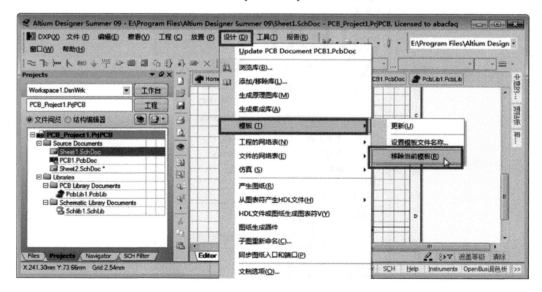

图 3-46　移除模板

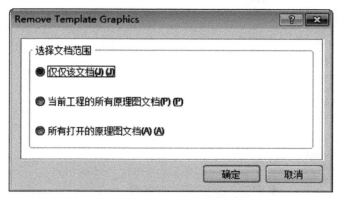

图 3-47 "Remove Template Graphics" 对话框

（3）选择"仅仅该文档"单选按钮，单击"确定"按钮，弹出如图 3-48 所示的 "Information"消息框，要求用户确认移除原理图图纸模板的操作。

图 3-48 "Information" 消息框

（4）单击"Information"消息框中的"OK"按钮，确认操作。

（5）选择主菜单中的"设计"｜"模板"｜"设置模板文件名称"命令，如图 3-49 所示，打开"打开"对话框，选择前面创建的原理图图纸模板文件"Sheet2.SchDot"，如图 3-50 所示，再单击"打开"按钮，打开如图 3-51 所示的"更新模板"对话框。

图 3-49 设置模板名称

图 3-50   选择模板

图 3-51   "更新模板"对话框

"更新模板"对话框中的"选择文档范围"选项区域中的三个选项与"移除模板"对话框中的三个选项相同，表示更新原理图图纸模板的对象。

"选择参数作用"选项区域内的三个选项用于设置对于参数的操作，其意义如下：

不更新任何参数：表示不更新任何的参数。

仅添加模板中存在的新参数：表示将原理图图纸模板中的新定义的参数添加到调用原理图图纸模板的文件中。

替代全部匹配参数：表示用原理图图纸模板中的参数替换当前文件的对应参数。

在如图 3-51 所示的"更新模板"对话框中，选择 "仅该文档"单选按钮和"仅添加模板中存在的新参数"单选按钮，单击"确定"按钮，出现一个提示对话框，如图 3-52 所示。然后就调出了原理图图纸模板，如图 3-53 所示。

图 3-52 提示选择了一个模板

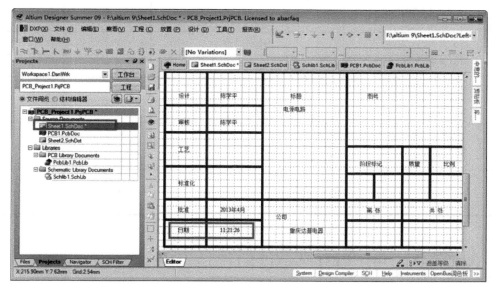

图 3-53 更新模板后的原理图图纸

（6）调用的原理图图纸模板与前面建立原理图图纸信息区域的格式完全相同，只是标题栏里参数需要用户根据实际的原理图进行设置。注意"日期"这一栏的内容是计算机内的系统日期。

任务评价

在任务实施完成后，读者可以填写表 3-4，检测一下自己对本任务的掌握情况。

表 3-4 任务评价

任务 名称		学时	2
任务 描述		任务 分析	
实施 方案		教师认可：	

续表

问题记录	1.		处理方法	1.		
	2.			2.		
	3.			3.		

成果评价	评价项目		评价标准		学生自评（20%）	小组互评（30%）	教师评价（50%）
	1.		1.	（x%）			
	2.		2.	（x%）			
	3.		3.	（x%）			
	4.		4.	（x%）			
	5.		5.	（x%）			
	6.		6.	（x%）			

教师评语	评　语： 成绩等级：　　　　　　　　　　　　　　　　　　　　　　教师签字：

小组信息	班　　级			第　组	同组同学	
	组长签字				日　期	

任务 5　原理图视图操作

📋 任务分析

原理图设计系统中的"察看"菜单前面介绍过，通过该菜单可以很方便地对原理图进行视图操作。原理图的视图操作，主要是为了在设计原理图时，能够对原理图进行放大、缩小等设置。

💡 相关知识

视图操作主要包括以下几项内容：

（1）工作窗口中内容的缩放。

（2）工作窗口的刷新。

（3）工具栏和工作面板的打开/关闭。

（4）状态信息显示栏的打开/关闭。

（5）图纸的格点设置。

（6）工作区面板设置。

（7）桌面布局设置。

各项操作中最常用的是对工作窗口中内容的缩放。通过选择"察看"菜单中的选项可以实现功能不同的工作窗口操作。

任务实施

1. 任务实施1　缩放原理图的工作窗口

1）在工作窗口中显示选择的内容

该操作包括在工作窗口中显示所有文档，所有元件（工程）、选定的区域、选择的工程（元件）、选择的格点周围等。

（1）"适合文件"：在工作窗口显示当前的整个原理图。

（2）"适合所有对象"：在工作窗口显示当前原理图上所有的元件。

（3）"区域"：在工作窗口中显示一个区域。具体的操作为：单击该菜单选项，指针将变成十字形状显示在工作窗口中；在工作窗口中单击鼠标左键，确定区域的一个顶点，移动鼠标确定区域的对角顶点后可以确定一个区域；单击鼠标左键，在工作窗口中将显示刚才选择的区域。

（4）"被选中的对象"：选中一个元件后，单击该菜单选项，将在工作窗口中心显示该元件。

（5）"点周围"：在工作窗口显示一个坐标点附近的区域。具体操作为：单击该菜单选项，鼠标指针将变成十字形状显示在工作窗口中，移动鼠标到想要显示的点，单击鼠标左键后移动鼠标，在工作窗口中将显示一个以该点为中心的虚线框，确定虚线框后，单击鼠标左键，在工作窗口中将显示虚线框所包含的范围。

（6）"全屏"：是指将原理图在整个 Altium Designer 9.0 的设计窗口中显示。

2）显示比例的缩放

该类操作包括按照比例显示原理图、放大和缩小显示原理图以及不改变显示比显示原理图上坐标点附近区域，它们一起构成了"察看"菜单的第二部分。

"50％"：工作窗口中显示 50％大小的实际图纸。

"100％"：工作窗口中显示正常大小的实际图纸。

"200％"：工作窗口中显示 200％大小的实际图纸。

"400％"：工作窗口中显示 400％大小的实际图纸。

"缩小"：缩小显示比例，使工作窗口更大范围的显示。

"放大"：放大显示比例，使工作窗口较小范围显示。

总之，Altium Designer 9.0 提供了强大的视图操作，通过视图操作，设计者可以察看原理图的整体和细节，并方便地在整体和细节之间切换。通过对视图的控制，设计者更加轻松地绘制和编辑原理图。

2. 任务实施2　刷新视图和开关工具栏、工作面板和状态栏

1）刷新原理图

绘制原理图时，在完成滚动画面、移动元件等操作后，又会出现画面显示残留的斑点、线段或图形变形等问题。虽然这些内容不会影响电路的正确性，但是为了美观起见，单击"察看"|"刷新"菜单选项可以使显示恢复。

2）开关工具栏和工作面板

工具条、工作区面板和桌面布局这几个子菜单，都是位于主菜单"察看"这个菜单中，鼠标移动到"察看"菜单上就会找到这几个子菜单，鼠标再移动到这几个子菜单上，就会显示第三级子菜单。

> 📖 **注意：**
> 工具栏中下级菜单的中的∨表示该工具栏显示，如果单击该菜单∨消除表示该工具栏关闭。

> 📖 **注意：**
> 若由于移动某个对话框使窗口显示混乱，可以启动主菜单中的"察看" | "桌面布局" | "Default"菜单使桌面恢复正常。

3）开和关状态信息显示栏

Altium Designer 9.0中有坐标显示和系统当前状态显示，它们位于Altium Designer 9.0窗口的底部，通过"察看"菜单"状态栏"菜单和"命令状态"可以设置是否显示它们，默认的设置是显示坐标，而不显示系统当前状态。

3．任务实施3　设置图纸的格点

在"察看"菜单中也可以设置图纸的格点，如图3-54所示。

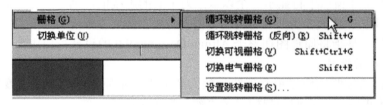

图3-54　图纸的格点设置

此时的格点设置常用的3项介绍如下：

（1）"切换可视栅格"：是否显示/隐藏格点。

（2）"切换电气栅格"：电气格点设置是否有效。

（3）"设置跳转栅格"：设置格点间距。单击该按钮将弹出如图3-55所示的对话框，在该对话框中可以设置格点间距。

图3-55　设置格点间距

🖎 **任务评价**

针对学生读者，在任务实施完成后，读者可以填写表3-5，检测一下自己对本任务的掌握情况。

表3-5 任务评价

任务名称		学时	2		
任务描述		任务分析			
实施方案		教师认可：			
问题记录	1. 2. 3.	处理方法	1. 2. 3.		
成果评价	评价项目	评价标准	学生自评（20%）	小组互评（30%）	教师评价（50%）
	1.	1.　　　（x%）			
	2.	2.　　　（x%）			
	3.	3.　　　（x%）			
	4.	4.　　　（x%）			
	5.	5.　　　（x%）			
	6.	6.　　　（x%）			
教师评语	评　语： 成绩等级：			教师签字：	
小组信息	班　级		第　组	同组同学	
	组长签字		日　期		

任务6 编辑操作原理图中的对象

任务分析

原理图中有很多对象，构成原理图的每个符号都是原理图的对象，在本任务中将介绍原理图对象的选择、移动、复制、粘贴等操作。

相关知识

Altium Designer 9.0 的编辑对象是指放置的元件、导线、元件的说明文字以及其他各种原理图组成内容。可以对以上编辑对象进行选择、移动、删除、复制、粘贴、剪切，除了以上的编辑操作，Altium Designer 9.0 还提供了对象的对齐操作，使得原理图更加美观。综上所述，元件的编辑操作可以分为以下几类：

（1）对象的选择。

（2）对象的移动和对齐，该类操作主要是为了让原理图更加美观。

（3）对象的删除、复制、剪切和粘贴。

（4）操作的撤销和恢复。

（5）相似对象的搜索。

原理图中的编辑操作都可以通过"编辑"菜单执行。具体编辑操作，我们在任务实施部分进行详细介绍。

 任务实施

我们进行编辑操作的对象主要以元件为例。

1．任务实施 1　选择原理图中的对象

在原理图上单个对象的选取非常简单，只需要在工作窗口中用鼠标单击即可选中。元件的选中状态如图 3-56 所示。在图 3-56 中元件选中后，元件周围有个绿色的框线。

除了单个元件的选择，Altium Designer 9.0 中还提供了一些别的元件选择方式。它们在"编辑"菜单中的"选中"菜单选项的下级菜单中列举了出来，该菜单如图 3-57 所示。

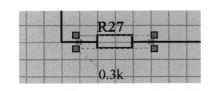

图 3-56　元件选中状态

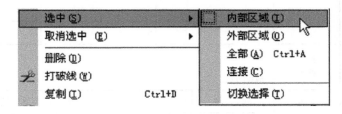

图 3-57　级联菜单

1）选择一个区域内的所有对象

该操作通过单击图 3-57 所示菜单中的"内部区域"菜单选项执行。

操作步骤为：

（1）单击该菜单选项，鼠标指针将变成十字形状显示在工作窗口中。

（2）单击鼠标左键确定区域的一个顶点，然后移动鼠标，在工作窗口中将显示一个虚线框，该虚线框就是将要确定的区域。

（3）单击鼠标确定区域的对角顶点，此时在区域内的对象将全部处于选中状态。在执行该操作时，单击鼠标右键或者按"Esc"键将退出该操作。

选择一个区域内的对象操作过程如下：大家可以看见图上的鼠标十字形状。在工作窗口中按住鼠标左键不放，拖曳鼠标确定一个区域，也可以选择该区域内的所有对象，如图 3-58 所示是我们执行"编辑"｜"选中"｜"内部区域"后，然后用鼠标拖曳选择部分元件的结果。

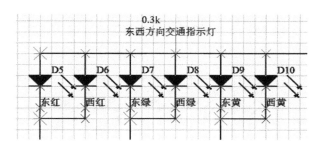

图 3-58　选择一个区域内的所有对象

2）选择一个区域外的所有对象

该操作通过单击图 3-57 所示菜单中的"外部区域"菜单选项执行，具体步骤和选择一个区域内的所有对象操作相同，但该操作的结果是区域外的所有对象全部被选中。如图 3-59 所示为该操作的执行过程，我们选择的是 D5，结果反而选择的是 D5 区域外的其他元件对象。

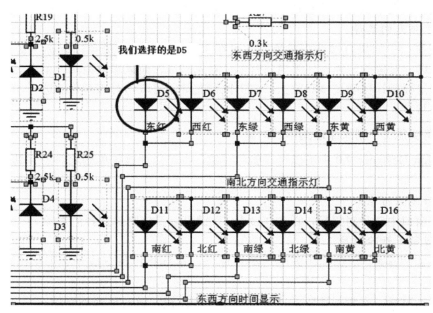

图 3-59　选择一个区域外的所有对象

3）选择原理图上的所有对象

该操作通过单击图 3-57 所示菜单中的"全部"菜单选项执行。

4）选择一个连接上的所有导线

该操作通过单击图 3-57 所示菜单中的"连接"菜单选项执行。具体的操作步骤为：

（1）单击该菜单选项，鼠标指针变成十字形状并显示在工作窗口中。

（2）将鼠标指针移动到某个连接的导线上，单击鼠标左键。

（3）该连接上所有的导线都被选中，并高亮地显示出来。元件也被特殊地标示出来。

（4）此时，鼠标指针的形状仍为十字形状，重复步骤（2）、（3）可以选择其他连接的导线。如图 3-60 所示为导线选择状态。

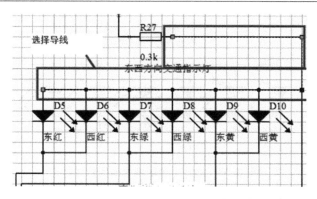

图 3-60　选择一个连接上的所有导线

5）反转对象的选中状态

该操作通过单击图 3-57 所示菜单中的"切换选择"菜单选项执行。通过该操作，用户可以转换对象的选中状态，即将选中的对象变成没有选中的，将没有选中的变为选中的。

6）取消对象的选择

在工作窗口中如果有被选中对象，此时在工作窗口的空白处单击鼠标左键，可以取消对当前所有选中对象的选择。如果当前有多个对象被选中而只想取消其中单个对象的选中状态，可以将鼠标指针移动到该对象上，单击鼠标左键即可取消对该对象的选择，而保持其他对象的选中状态。

2．任务实施 2　删除原理图中的对象

在 Altium Designer 9.0 中可以直接删除对象，也可以通过菜单删除对象。具体操作方法如下：

1）直接删除对象

在工作窗口中选择对象后，单击"Delete"键可以直接删除选择的对象。

2）通过菜单删除对象

（1）单击"编辑"，选择"删除"菜单选项，鼠标指针将变成十字形状出现在工作窗口中。

（2）移动鼠标，在想要删除的对象上单击鼠标左键，该对象即被删除。

（3）此时鼠标指针仍为十字形状，可以重复步骤（2）继续删除对象。

（4）完成对象删除后，单击鼠标右键或者按"Esc"键退出该操作。

3．任务实施 3　移动原理图中的对象

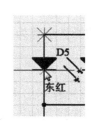

图 3-61　对象的移动

选择对象后直接移动，就可以执行移动操作了。该操作可以直接执行，也可以通过工具栏按钮执行，具体描述如下：

1）直接移动对象

选中想要移动的对象后，将鼠标指针移动到对象上，当鼠标指针变成移动形状后，单击鼠标左键同时拖曳鼠标，如图 3-61 所示，选中的对象将随着鼠标指针移动，移动到合适的位置后，松开鼠标左键，对象将完成移动。完成移动操作后，对象仍处于选中状态。

> 📖 **注意：**
> 　　图 3-61 中，D5 处于选中状态，同时，移动状态中 D5 出现了一个电气标记点即一个红色的 × 标记。

　　2）使用工具栏按钮移动对象

　　（1）选择想要移动的对象。

　　（2）单击工具栏上的 ✛ 按钮，鼠标指针将变成十字形状。移动鼠标指针到选中的对象上，单击鼠标左键，元件将随着鼠标指针移动。

　　（3）移动鼠标指针到目的位置，单击鼠标左键，完成对象的移动。

　　在移动的过程中，在选择对象时同时选中多个元件，即可完成多个元件的同时移动。

　　在使用工具移动对象的过程中，单击鼠标右键或者按"Esc"键可以退出对象的移动。

> 📖 **注意：**
> 　　移动元件的目的是为了连线方便，在绘制原理图中需要对部分元件进行移动，并对元件的标注进行适当地位置调整。

4. 任务实施 4　原理图对象操作后的撤销和恢复

　　在 Altium Designer 9.0 中可以撤销刚执行的操作。例如，如果用户误操作删除了某些对象，单击"编辑"|"Undo"菜单选项或者单击工具栏中的 ↺ 按钮，即可撤销刚才的删除。但是，操作的撤销不能无限制的执行，如果已经对操作进行了存盘，用户将不可以撤销存盘之前的操作。

　　操作的恢复是指操作撤销后，用户可以取消撤销，恢复刚才的操作。该操作可以通过单击"编辑"|"Nothing to Redo"菜单选项或者单击工具栏中的 ↻ 按钮执行。

5. 任务实施 5　原理图对象的复制、剪切和普通粘贴

　　1）对象的复制

　　在工作窗口选中对象后即可复制该对象。单击"编辑"|"复制"菜单选项，鼠标指针将变成十字形状出现在工作窗口中。移动鼠标指针到选中的对象上，单击鼠标左键，即可以将选择的对象复制。此时对象仍处于选中状态。对象复制后，复制内容将保存在 Windows 的剪贴板中。

　　2）对象的剪切

　　在工作窗口选中对象后即可剪切该对象。单击"编辑"|"剪切"菜单选项，鼠标指针将变成十字形状显示在工作窗口中。移动鼠标指针到选中的对象上，单击鼠标左键，即可完成对象的剪切。此时工作窗口中该对象被删除，但该对象将保存在 Windows 的剪贴板中。

　　3）对象的粘贴

　　在完成对象的复制或者剪切后，Windows 的剪贴板中已经有所复制或剪切的对象，此时可以执行粘贴。操作步骤如下：

　　（1）复制/剪切某个对象，使得 Windows 的剪贴板中有内容。

　　（2）单击"编辑"|"粘贴"菜单选项，鼠标指针将变成十字形状并附带着剪贴板中的对象出现在工作窗口中。

（3）移动鼠标指针到合适的位置，单击鼠标左键，剪贴板中的内容将被放置在原理图上，被粘贴的内容和复制/剪切的对象完全一样，它们具有相同的属性。

（4）单击鼠标右键或者按"Esc"键，退出对象粘贴状态。

6．任务实施6　原理图对象的阵列粘贴

在原理图中，某些相同元件可能有很多个，如电阻、电容等，它们具有大致相同的属性，如果一个个放置它们，设置它们的属性，工作量大。Altium Designer 9.0 提供了阵列粘贴，大大地方便了这里的操作。该操作通过单击"编辑"|"智能粘贴"菜单选项完成。具体的操作步骤如下：

（1）复制或剪切某个对象，使得 Windows 的剪贴板中有内容。

（2）单击"编辑"|"智能粘贴"菜单选项，将弹出如图 3-62 所示的对话框，在该对话框中可以设置阵列粘贴的参数。

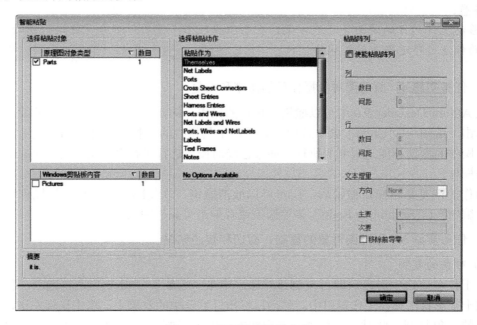

图 3-62　设置阵列粘贴参数

首先勾选"粘贴阵列…"区域下面的"使能粘贴阵列"复选框，可以看到该区域的一些默认设置。

其中该对话框中各项参数的意义如下。

列：

"数目"：指在水平方向上排列的元件的数量。我们可以设置为默认值。

"间距"：是指元件在水平方向上的元件之间的距离。我们可以设置为默认值。

行：

"间距"：是指元件在垂直方向上的元件之间的距离。如果设置得过小，则元件在垂直方向上离得很近，还需要自己拖动分离，这个值越大，元件在垂直方向上的距离也越大。此时设置为 20，如图 3-63 所示。

"数目"：是指元件在垂直方向上排列的个数。如我们设置为 3 个，如图 3-63 所示。

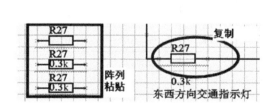

图 3-63 设置放置的数目和距离

（3）单击"确定"按钮后，在原理图中移动鼠标到合适的位置，发现光标带着需要粘贴的元件，单击鼠标左键完成粘贴放置。放置的元件如图 3-64 所示。

（4）元件粘贴后，同样可以选择图中的元件对象，然后双击对象，即可对该对象进行属性编辑。

7. 任务实施7 将原理图中的元件对齐

为了原理图的美观，同时为了方便元件的布局及连接导线，Altium Designer 9.0 提供了元件的排列和对齐功能。如图 3-65 所示为"编辑"菜单中"对齐"菜单选项的下一级菜单，通过该菜单可以执行对齐操作。

图 3-64 元件粘贴的结果　　　　图 3-65 "对齐"菜单

通过元件对齐操作，可以对元件进行精确的定位。在原理图上的对齐有水平方向和垂直方向两种。下面具体描述 Altium Designer 9.0 提供的对齐操作。

1）水平方向上的对齐

水平方向上的对齐是指所有选中的元件垂直方向上坐标不变，而以水平方向上（左、右或者居中）的某个标准进行对齐。以水平方向左对齐为例，水平方向对齐操作的步骤如下：

（1）选中原理图中所有需要对齐的元件。

（2）单击"编辑"，选择"对齐"再选择"左对齐"菜单选项，此时元件仍处于选中状态。

（3）在空白处单击鼠标左键取消元件选择状态，完成对齐操作。此后用户可再自行调整。

2）垂直方向上的对齐

垂直方向上的对齐与水平方向上的对齐相类似，选择元件及对齐元件的操作方法相同。

图 3-66　水平和垂直方向对齐

3）同时在水平和垂直方向上对齐

除了单独的水平方向对齐和垂直方向对齐外，Altium Designer 9.0 还提供了同时在水平方向和垂直方向上的对齐操作。具体的操作步骤如下：

（1）选择需要对齐的元件。

（2）单击"编辑"，选择"对齐"，再选择"对齐（A）"菜单选项。

（3）弹出如图 3-66 所示的对话框。

（4）在该对话框中设置水平方向和垂直方向上的对齐标准。其中水平方向有：左对齐、右对齐、中对齐、分散对齐；垂直方向有：顶部对齐、底部对齐、居中对齐、分散对齐。

（5）单击"确认"按钮，结束对齐操作。

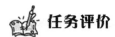 **任务评价**

在任务实施完成后，读者可以填写表 3-6，检测一下自己对本任务的掌握情况。

表 3-6　任务评价

任务 名称		学时	2
任务 描述		任务 分析	
实施 方案		教师认可：	

续表

问题记录	1.		处理方法	1.		
	2.			2.		
	3.			3.		

成果评价	评价项目		评价标准		学生自评（20%）	小组互评（30%）	教师评价（50%）
	1.		1.	（x%）			
	2.		2.	（x%）			
	3.		3.	（x%）			
	4.		4.	（x%）			
	5.		5.	（x%）			
	6.		6.	（x%）			

教师评语	评　语：					
	成绩等级：				教师签字：	

小组信息	班　级		第　组	同组同学	
	组长签字		日　期		

任务7　对原理图进行注释

任务分析

在任务6中介绍了原理图元件的操作，本任务我们将继续介绍原理图的操作，在完成原理图绘制后，需要对原理图进行注释以便原理图阅读和检查。原理图注释的标准是准确、简略和美观。这些画图工具我们在后面的元件绘制时还会用到，请读者朋友一定要熟练操作这些画图工具。

相关知识

原理图的注释是通过原理图的画图工具来实现的，这里只介绍原理图的画图工具，具体操作见任务实施部分。

图3-67　画图工具栏

原理图的注释大部分是通过"画图"工具栏执行的，该工具栏如图3-67所示。

各个按钮的意义如下：

按钮：绘制直线。

按钮：绘制不规则多边形。

按钮：绘制椭圆曲线。

按钮：绘制贝塞尔曲线。

A按钮：放置单行文字。

按钮：放置区块文字。

按钮：放置矩形。

按钮：放置圆角矩形。

按钮：放置椭圆。

按钮：放置扇形。

按钮：在原理图上粘贴图片。

按钮：智能粘贴。

 任务实施

1. 任务实施 1　在原理图上绘制直线和曲线

直接在原理图中绘制的直线和曲线没有电气特性，只是起注释作用。

1）绘制直线

单击画图工具栏上的 **∕** 按钮即可开始绘制直线。

在绘制直线时，按"Tab"键，或者双击已经绘制好的直线，将弹出如图 3-68 所示的直线属性编辑对话框，在该对话框中可以设置直线的属性。各项的意义如下：

（1）"线宽"：直线宽度。Altium Designer 9.0 提供 Smallest、Small、Medium 和 Large 四种选择。

（2）"排列风格"：直线类型。Altium Designer 9.0 提供 Solid（实线）、Dashed（虚线）和 Dotted（点线）三种线形。

（3）"颜色"：直线颜色。

2）绘制曲线

Altium Designer 9.0 中提供了椭圆和贝塞尔两种曲线的绘制按钮。下面以绘制椭圆曲线的过程进行说明。

（1）单击画图工具栏上的 按钮，鼠标指针将变成十字形状并附加椭圆曲线显示在工作窗口中，如图 3-69 所示。

（2）按"Tab"键，打开如图 3-70 所示的椭圆曲线属性编辑对话框，在该对话框中设置曲线的属性。该对话框中各项意义如下：

"线宽"：曲线宽度。此项设置保持不变。

"X 半径"：曲线 X 方向上直径。此项设置为 50，调整半径为 50mil。

"Y 半径"：曲线 Y 方向上直径。此项设置为 50mil。

"结束角度"：曲线终止角度。指与坐标左半轴的夹角。此项设置为 180。

"起始角度"：曲线起始角度。指与坐标右半轴的夹角。此项设置为 0。

"颜色"：曲线颜色。此项设置保持不变。

"位置"：曲线位置。

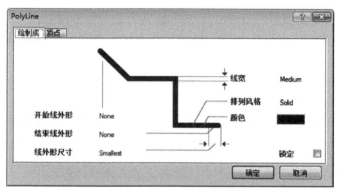

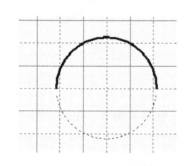

图 3-68　直线属性编辑对话框　　　　　　　　图 3-69　绘制曲线时的鼠标指针

📖 **注意：**
　　我们在绘制曲线时，在图纸中鼠标在单击时会有一个起始点，起始点不同，起始角度就不一样，半径也不一样，我们可以在图 3-70 对话框中进行调整数据，以达到要求的参数。

　　（3）移动鼠标到合适位置后，在不移动鼠标的情况下连续单击鼠标左键 5 次，此时放置了一个 50mil 半径的半圆。

　　（4）此时重复步骤（2）、（3）可以继续绘制其他曲线。

　　（5）单击鼠标右键或者按"Esc"键，退出曲线绘制的状态。

　　经过步骤（1）到步骤（5）之后，绘制好的曲线如图 3-71 所示。

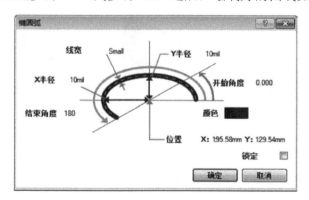

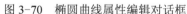

图 3-70　椭圆曲线属性编辑对话框　　　　　　　图 3-71　绘制好的曲线

　　绘制贝塞尔曲线和绘制直线类似，实际上，贝塞尔曲线是一种表现力非常丰富的曲线，利用它可以大体描绘各种特殊曲线，如余弦曲线等。

　　总而言之，在原理图中绘制各种直线、曲线的步骤比较类似，绘制出来的线条只是一种图形，没有任何的电气特性，只有注释作用。

2．任务实施 2　在原理图中绘制不规则多边形

　　单击画图工具栏上的 ⬠ 按钮，即可开始绘制不规则多边形。绘制多边形的步骤如下：

（1）单击画图工具栏上的 ⊠ 按钮，鼠标指针变成十字形状显示在工作窗口中。

（2）移动鼠标指针到合适位置，单击鼠标左键，确定多边形的一个顶点。移动鼠标，确定多边形的其他顶点。

（3）确定所有顶点后，单击鼠标右键，将完成一个多边形的绘制。

（4）重复步骤（2）、（3），可以绘制其他多边形。

（5）在步骤（4）后，再次单击鼠标右键或者按"Esc"键，将退出绘制多边形的状态。

> 📖 **注意：**
>
> 在绘制多边形时，单击鼠标次序也是顶点的序号，它确定了多边形的形状。

双击绘制好的三角形，即可进入多边形的属性编辑对话框，如图 3-72 所示。其中各项的意义如下：

"填充颜色"：多边形的填充颜色。

"边界颜色"：多边形的边框颜色。

"边框宽度"：多边形的边框宽度。默认是 Large，我们更改为 Small。

"拖拽实体"：选中该复选框后，多边形将以"填充色"设置的颜色填充。

"透明的"：该项默认就行。

如图 3-73 所示为绘制一个三角形的全过程。

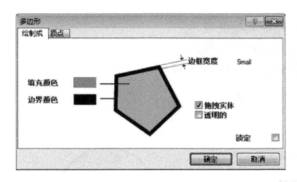

图 3-72 多边形属性编辑对话框

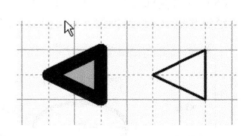

图 3-73 绘制三角形

3．任务实施 3 在原理图上放置单行文字和区块文字

在原理图上最重要的注释方式就是文字说明，在 Altium Designer 9.0 中提供单行文字注释和区块文字注释两种注释方式。

1）放置单行文字的具体步骤如下：

（1）单击画图工具栏上的 🅰 按钮，鼠标指针变成十字形状并附加单行注释的标记显示在工作窗口中。

（2）按"Tab"键，将弹出单行文字属性对话框，在该对话框中可以设置被放置文字的内容和属性。

（3）移动鼠标指针到合适的位置，单击鼠标左键即可完成单行文字的放置。

（4）重复步骤（2）和（3）可以放置其他的单行文字。

（5）单击鼠标右键或者按"Esc"键即可退出放置单行文字的状态。

2）放置区块文字

单行文字放置起来很方便，但是内容比较单薄，通常用于小处的注释。大块的原理图注释通常采用放置文字区块的方法。放置文字区块的步骤如下：

（1）单击画图工具栏上的 ■ 按钮，鼠标指针将变成十字形状并附加文本区块的标记显示在工作窗口中。

（2）移动鼠标指针到合适位置后，单击鼠标确定区块文字的一个顶点。移动鼠标指针到区块文字的对角顶点，单击鼠标左键确定区块位置和大小。

（3）此时鼠标指针仍处于十字形状，重复步骤（2）可以继续放置区块文字。

（4）单击鼠标右键或者按"Esc"键，退出区块文字放置的状态。

执行完步骤（1）到步骤（4）之后，区块文字已经被放置好了，此时需要对它的属性和内容进行设置。双击区块文字，将弹出"文本结构"属性编辑对话框。

该对话框中各选项的意义如下：

"边框宽度"：区块文字的边框宽度。

"文本颜色"：区块文字中的文字颜色。

"队列"：区块文字中的文字对齐方式，有左对齐、居中和右对齐三种对齐方式。

"位置"：区块文字对角顶点的位置。

"显示边界"：该选项决定是否显示区块文字的边框。

"边界颜色"：区块文字的边框颜色。

"拖拽实体"：该选项决定是否填充区块文字。

"填充颜色"：区块文字的填充颜色。

"文本"：区块文字的内容。

"字体"：区块文字的字体。单击其后的按钮，即可更改区块文字的字体。

完成区块文字属性设置后，单击"确认"按钮，将完成区块文字的放置。

4．任务实施4　在原理图上放置规则图形

在 Altium Designer 9.0 中可以方便地放置矩形、圆角矩形、椭圆形和扇形四种规则图形，它们的操作类似。下面将以绘制一个半径 50mil、150°的扇形为例说明放置规则图形的方法。

（1）单击画图工具栏上的 ⓒ 按钮，鼠标指针将变成十字形状并附加扇形标记显示在工作窗口中。

（2）按"Tab"键后将弹出 Pie 图表属性编辑对话框，如图 3-74 所示。在该对话框中可以设置扇形的属性。一般情况下保持默认值。此时我们设置开始角度为 0°，结束角度为150°。如图 3-74 所示。

（3）单击按钮后移动鼠标指针到合适位置，保持鼠标不移动的情况下单击鼠标左键 4次将完成一个扇形的放置。放置后的扇形如图 3-75 所示。

（4）重复步骤（2）、（3）可以放置其他扇形。

（5）单击鼠标右键或者按"Esc"键，退出扇形放置的状态。

其他的规则形状放置和扇形放置类似，这里就不再叙述了。

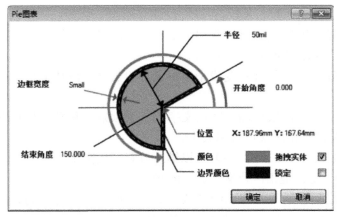

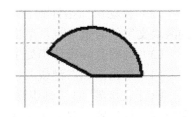

图 3-74　设置 Pie 图表　　　　　　　　　　　图 3-75　放置后的扇形

5．任务实施 5　在原理图上放置图片说明

有时为了让原理图更加美观，需要在原理图上粘贴一些图片，如公司标志等。这些可以通过放置图片的按钮来实现。放置图片步骤如下：

（1）单击画图工具栏上的 ▣ 按钮，鼠标指针将变成十字形状并附加扇形标记显示在工作窗口中。

（2）按"Tab"键将弹出"绘图"属性编辑对话框，在该对话框中可以设置放置图片的属性和内容。

（3）完成图片属性和内容设置后单击"确定"按钮，移动鼠标指针到合适位置，单击鼠标左键确定图片框的一个顶点，继续移动鼠标指针到图片框的对角顶点，单击鼠标左键确定图片框的位置和大小。

（4）此时会再次弹出"打开"对话框确定粘贴的图片，选择图片后单击"打开"按钮，此时图片将显示在鼠标指针刚才确定的位置上，完成图片粘贴的操作。

6．任务实施 6　原理图注释的智能粘贴和图件的层次转换

1）原理图注释的智能粘贴

放置元件可以采用阵列式粘贴，在原理图注释时也提供阵列式粘贴。在完成对某个对象的复制或者剪切后，单击画图工具栏中的  按钮，即可开始阵列式粘贴的操作。具体的操作步骤和元件阵列式粘贴类似，这里就不再多述了。

2）图件的层次转换

在绘制原理图时可能会显示图件重叠的情况，上层的图件将覆盖住下层图件的重叠部分，这时可能需要对图件的层次进行设置。图件层次设置的操作在"编辑"｜"移动"菜单的下一级菜单中可以找到。

任务评价

在任务实施完成后，读者可以填写表 3-7，检测一下自己对本任务的掌握情况。

表 3-7 任务评价

任务名称			学时	2	
任务描述			任务分析		
实施方案			教师认可：		
问题记录	1.		处理方法	1.	
	2.			2.	
	3.			3.	
成果评价	评价项目	评价标准	学生自评（20%）	小组互评（30%）	教师评价（50%）
	1.	1.　　　（x%)			
	2.	2.　　　（x%)			
	3.	3.　　　（x%)			
	4.	4.　　　（x%)			
	5.	5.　　　（x%)			
	6.	6.　　　（x%)			
教师评语	评　语： 成绩等级：　　　　　　　　　　　　　　　　　教师签字：				
小组信息	班　级		第　组	同组同学	
	组长签字			日　期	

任务 8　原理图的打印

任务分析

在完成原理图绘制后，除了在计算机中进行必要的文档保存之外，还需要打印原理图以便设计者进行检查、校对、参考和存档。因此，本任务将介绍原理图打印的相关知识。

相关知识

原理图的打印涉及 4 个步骤。

（1）设置原理图的页面。

（2）设置打印机的参数。

（3）打印预览。

（4）打印。

任务实施　原理图的打印操作

原理图打印操作的步骤如下：

1）设置页面

单击"文件"|"页面设计"单选项，将弹出"Schematic Print Properties"对话框，在该对话框中可以设置页面。

该对话框中各项的意义如下：

"尺寸"：页面尺寸。

"肖像图"：选择该项将纵向打印原理图。

"风景图"：选择该项后将横向打印原理图。

"缩放比例"：设置缩放比例。该项通常保持默认的 Fit Document On Page 设置，表示在页面上正好打印一张原理图。

"颜色"：设置颜色。颜色设置有三种：单色打印、彩色打印、灰色打印。

2）设置打印机

在完成页面设置后，单击"Schematic Print Properties"对话框中的"打印设置"按钮将弹出设置打印机对话框，在该对话框中可以设置打印机。

3）进行打印预览

在完成页面设置后，单击"Schematic Print Properties"对话框中的"预览"按钮，可以预览打印效果。如果设计者对打印预览的效果满意，单击"打印"按钮即可打印输出。

4）原理图打印输出

单击"文件"|"打印"菜单选项，将打开一个对话框，此时单击"确定"按钮即可打印输出。

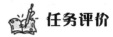 **任务评价**

在任务实施完成后，读者可以填写表 3-8，检测一下自己对本任务的掌握情况。

表 3-8　任务评价

任务 名称		学时	2
任务 描述		任务 分析	

续表

实施方案		教师认可：		
问题记录	1. 2. 3.	处理方法	1. 2. 3.	

成果评价	评价项目	评价标准	学生自评（20%）	小组互评（30%）	教师评价（50%）
	1.	1.　　（x%）			
	2.	2.　　（x%）			
	3.	3.　　（x%）			
	4.	4.　　（x%）			
	5.	5.　　（x%）			
	6.	6.　　（x%）			

教师评语	评　　语： 成绩等级：		教师签字：

小组信息	班　　级		第　组	同组同学	
	组长签字			日　期	

项目自测题

1．Altium Designer 9.0 原理图绘制的主菜单有哪些？

2．Altium Designer 9.0 原理图绘制的主工具栏有哪些？

3．如何对原理图中的元件进行对齐操作？

4．原理图绘制的流程。

项目 4

绘制原理图元件

项目描述

本项目向读者详细介绍了元件符号的绘制工具及绘制方法，并介绍简单元件及绘制的复杂元件的方法，读者通过学习利用绘制工具可以方便地建立自己需要的元件符号。让读者清楚元件的创建原理为以后设计原理图打好坚实的基础。

项目导学

本项目包含元件符号库的创建、元件符号的创建、元件符号的封装添加等。通过学习明白为什么需要自己绘制原理图元件符号，同时掌握以下内容。

（1）掌握原理图文件的创建方法。

（2）掌握原理图元件的绘制方法。

任务 1　创建原理图元件库并熟悉原理图元件库的环境

任务分析

本任务将介绍元件符号的基本概念，原理图元件符号库的创建方法，原理图元件符号库的编辑环境。

相关知识

1．元件符号概述

元件是原理图的重要组成部分，有时在设计原理图时在集成元件库里面没有需要的元件,这时就需要自己设计元件。本任务将详细介绍元件符号库的创建、保存、环境。

元件符号是元件在原理图上的表现,原理图中摆放的就是元件符号,元件符号主要由元件边框和引脚组成,其中引脚表示实际元件的引脚。引脚可以建立电气连接,是元件符号中最重要的组成部分。

> 📖 **注意:**
> 元件符号中的引脚和元件封装中的焊盘和元件引脚是一一对应关系。

Altium Designer 9.0 中自带有一些常用的元件符号,如电阻器、电容器、连接器等。但是在设计中很有可能需要的元件符号并不在 Altium Designer 9.0 自带的元件库中,需要设计者自行设计。

Altium Designer 9.0 提供了强大的元件符号绘制工具,能够帮助设计者轻松地实现这一目的,Altium Designer 9.0 中对元件符号采用元件符号库来管理,能够轻松地在其他工程中引用,方便了大型电子设计工程。

建立一个新的元件符号需要遵从以下流程。

(1)新建/打开一个元件符号库,设置元件库中图纸参数。

(2)查找芯片的数据手册(Datasheet),找出其中的元件框图说明部分,根据各个引脚的说明统计元件引脚数目和名称。

(3)新建元件符号。

(4)为元件符号绘制合适的边框。

(5)给元件符号添加引脚,并编辑引脚属性。

(6)为元件符号添加说明。

(7)编辑整个元件属性。

(8)保存整个元件库,做好备份工作。

> 📖 **注意:**
> 需要提出的是,元件引脚包含元件符号的电气特性部分,在整个绘制流程中是最重要的部分,元件引脚的错误将使得整个元件符号绘制出错。

2.元件库的创建

在 Altium Designer 9.0 中,所有的元件符号都是存储在元件符号库中的,所有的有关元件符号的操作都需要通过元件符号库来执行。Altium Designer 9.0 支持集成元件库和单个的元件符号库。在本任务中将介绍单个的元件符号库。

(1)启动 Altium Designer 9.0,关闭所有当前打开的工程。选择"文件"|"新建"|"库"|"原理图库"命令,如图 4-1 所示。

(2)Altium Designer 9.0 将自动跳到工程面板,如图 4-2 所示,此时在工程面板中增加一个元件库文件,该文件即为新建的元件符号库。元件库自动命名为 Schlib1.SchLib。

3.原理图元件符号库的保存

(1)选择"文件"|"保存"命令,弹出图 4-3 所示的对话框。在该对话框中输入元件

库的名称，即可同时完成对元件符号库的重命名和保存操作。在这里，元件符号库可以重命名，也可以保持默认值。单击"保存"按钮后，元件符号库被保存在自己定义的 altium 9 文件夹中。

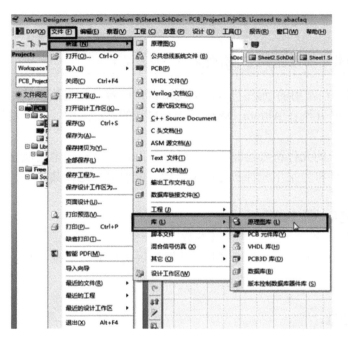

图 4-1　选择新建原理图库

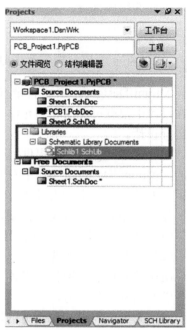

图 4-2　新建元件符号库后的工程面板

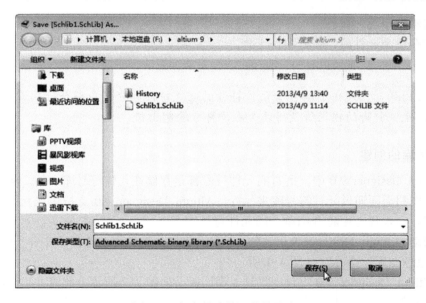

图 4-3　保存新建的元件符号库

（2）打开"我的电脑"，在刚才的 altium 9 文件夹中可以找到新建的元件符号库，在以后的设计工程中，可以很方便地引用。

4．原理图元件库设计界面

在完成元件符号库的建立之后即可进入新建元件符号的窗口，该窗口如图 4-4 所示。该界面由上面的主菜单、工具栏、左边的工作面板和右边的工作窗口组成。

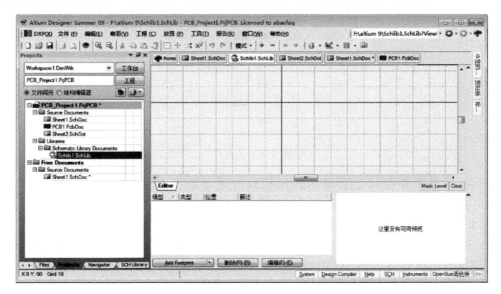

图 4-4　新建元件符号的窗口

1）主菜单

其中的主菜单如图 4-5 所示。在主菜单中，可以找到所有绘制新元件符号所需要的操作，这些操作分为以下几栏。

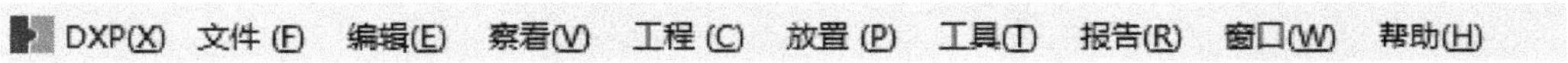

■ DXP(X)　文件 (F)　编辑(E)　察看(V)　工程 (C)　放置 (P)　工具(T)　报告(R)　窗口(W)　帮助(H)

图 4-5　绘制元件符号界面中的主菜单

文件：主要用于各种文件操作，包括新建、打开、保存等功能。

编辑：用于完成各种编辑操作，包括撤销/取消撤销、选取/取消选取、复制、粘贴、剪切等功能。

察看：用于视图操作，包括工作窗口的放大/缩小、打开/关闭工具栏和显示格点等功能。

工程：对于工程的操作。

放置：用于放置元件符号的组成部分。

工具：为设计者提供各种工具，包括新建/重命名元件符号、选择元件等功能。

报告：产生元件符号检错报表，提供测量功能。

窗口：改变窗口显示方式，切换窗口。

帮助：帮助菜单。

2）工具栏

工具栏包括两栏：标准工具和画图画线工具，如图 4-6 所示。

图 4-6　工具栏

鼠标指针放置在图标上会显示该图标对应的功能。主工具栏中所有的功能在主菜单中均可找到。

3）工作面板

在元件符号库文件设计中的常用面板为 SCH Library 面板，单击图 4-2 中的 SCH Library 按钮，可以切换到 SCH Library 面板，该面板如图 4-7 所示。

图 4-7　SCH Library 面板

该面板中的操作分为两类：一类是对元件符号库中符号的操作；另一类是对当前激活符号引脚的操作。

 任务实施　创建保存原理图库并熟悉 SCH Library 面板

通过前面的介绍，进行上机操作，主要完成以下内容。

（1）创建一个原理图库文件，并保存在 F 盘的 altium 9 文件夹中。

（2）新建原理图库后，打开了一个原理图库设计窗口，单击 SCH Library 按钮，打开 SCH Library 面板，熟悉该面板的界面及功能分区。

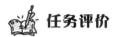 **任务评价**

在任务实施完成后，读者可以填写表 4-1，检测一下自己对本任务的掌握情况。

表 4-1 任务评价

任务名称			学时	2		
任务描述			任务分析			
实施方案			教师认可：			
问题记录	1.		处理方法	1.		
	2.			2.		
	3.			3.		
成果评价	评价项目	评价标准	学生自评（20%）	小组互评（30%）	教师评价（50%）	
	1.	1.　　　　（x%）				
	2.	2.　　　　（x%）				
	3.	3.　　　　（x%）				
	4.	4.　　　　（x%）				
	5.	5.　　　　（x%）				
	6.	6.　　　　（x%）				
教师评语	评　语：					
	成绩等级：			教师签字：		
小组信息	班　级		第　组	同组同学		
	组长签字			日　期		

任务 2　绘制简单的原理图元件并更新原理图中的符号

任务分析

在任务 1 中介绍了元件的设计界面，本任务将详细介绍元件的绘制以及如何更新原理图中的元件。希望读者掌握元件的绘制方法。

相关知识

1．设置原理图库的图纸

前面曾经介绍过，Altium Designer 9.0 通过元件符号库来管理所有的元件符号，因此在新建一个元件符号前需要为新建立的元件符号建立一个元件符号库，新建元件符号库的方法在前面介绍过，此处不再多述。在完成元件符号库的保存后，可以开始设置元件符号库图纸。

选择"工具"｜"文档选项"命令，也可以在库设计窗口中单击鼠标右键选择"选项"｜"文档选项"来启动"库编辑器工作台"对话框，如图 4-8 所示。

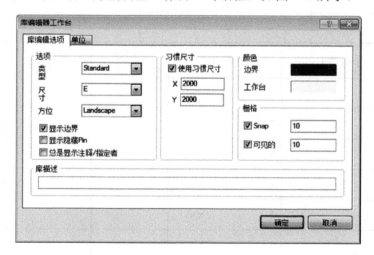

图 4-8　设置元件符号库图纸

该对话框中有如下 5 个选项组内容。

"选项"：设置图纸的基本属性。

"习惯尺寸"：自定义图纸。

"颜色"：设置图纸中的颜色属性。

"栅格"：设置图纸格点。

"库描述"：对元件库的描述。

"显示边界"：提示是否显示库设计区域的那个十字形的边界。

"显示隐藏 Pin"：显示元件的隐藏的引脚，如果勾选，则绘制的元件引脚是隐藏属性也会显示出来，如果不勾选，则隐藏属性的引脚将不会显示出来。

1）"选项"设置图纸的基本属性

该选项组中各项属性和原理图图纸中设置的属性类似，这些属如下。

"类型"：图纸类型。Altium Designer 9.0 提供 Standard 型和 ANSI 型图纸。

"尺寸"：图纸尺寸。Altium Designer 9.0 提供各种米制、英制等标准图纸尺寸。

"方位"：图纸放置方向。Altium Designer 9.0 提供水平和垂直两种图纸方向。

2）习惯尺寸

元件符号库中也可以采用自定义图纸。在该栏中的文本框中可以输入自定义图纸的大小。

3）颜色设置图纸中的颜色属性

"边界"：图纸边框颜色。

"工作台"：图纸颜色。

4）"栅格"设置图纸格点

📖 **注意：**

> 该选项组是设置元件符号库图纸中最重要的一个选项组，其中各项内容的列举如下。
>
> 捕捉：锁定格点间距，此项设置将影响鼠标移动，在鼠标移动过程中将以设置值为基本单位。
>
> 可见的：可视格点，此项设置在图纸上显示的格点间距。我们一般将这两个值设置为1。

5）"库描述"描述元件库

在该栏可以输入对元件库的描述。

2．新建/打开一个元件符号

上面介绍了原理图元件库图纸的设置，接下来介绍如何新建/打开一个元件符号。

1）新建元件符号

在完成新建元件库的建立及保存后，将自动新建一个元件符号，如图 4-9 所示，在工作面板中激活了此时元件符号库中唯一的元件符号 Component_1。

也可以采用以下方法新建元件符号：

选择"工具"|"新器件"命令，弹出图 4-9 所示的对话框，在该对话框中输入元件的名称，单击"确定"按钮即可完成新建一个元件符号的操作，该元件将以刚输入的名称显示在元件符号库浏览器中，如图 4-10 所示。

2）重命名元件符号

为了方便元件符号的管理，命名需要具有一定的实际意义，最通常的情况就是直接采用元件或芯片的名称作为元件符号的名称。可以在图 4-9 所示的对话框中直接命名元件的名称，也可以在图 4-10 所示面板中选择一个元件后，然后再选择主菜单中的"工具"|"重

新命名器件"命令,弹出图 4-11 所示的对话框。在该对话框中输入新的元件符号名称,单击"确定"按钮,即可完成对元件符号的重命名

图 4-9　新建一个元件符号　　　　　　　　　图 4-10　新建的元件符号

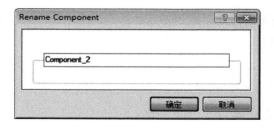

图 4-11　元件符号重命名

3)打开已经存在的元件符号

打开已经存在的元件符号需要以下几个步骤:

(1)如果想要打开的元件符号所在的库没有被打开,需要先加载该元件符号库。

(2)在工作面板的元件符号库浏览器中寻找想要打开的符号,并选中该符号。

(3)双击该元件符号,符号被打开并进入对该元件符号的编辑状态,此时可以编辑元件符号。

 任务实施　原理图库的图纸格点设置及新建重命名元件符号

根据上面的介绍,操作如下:

(1)设置原理图库的图纸格点:新建一个原理图库,然后进入原理图库的图纸设置对话框中进行设置,将图纸的栅格设置为 1。

(2)新建一个元件符号,我们将该元件符号命名为 NEC8279。

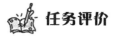

任务评价

在任务实施完成后，读者可以填写表 4-2，检测一下自己对本任务的掌握情况。

表 4-2 任务评价

任务名称					学时		2	
任务描述					任务分析			
实施方案					教师认可：			
问题记录	1.				处理方法	1.		
	2.					2.		
	3.					3.		
成果评价		评价项目	评价标准		学生自评（20%）	小组互评（30%）	教师评价（50%）	
	1.		1.	（x%）				
	2.		2.	（x%）				
	3.		3.	（x%）				
	4.		4.	（x%）				
	5.		5.	（x%）				
	6.		6.	（x%）				
教师评语	评　　语：							
	成绩等级：					教师签字：		
小组信息	班　　级			第　组		同组同学		
	组长签字			日　　期				

任务3 简单元件的绘制

任务分析

本任务以一个简单元件的绘制来熟悉原理图库中元件的绘制方法。通过学习，读者要掌握元件边框和电气引脚的画法。

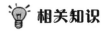 **相关知识**

1．需要绘制的原理图元件的信息

准备绘制的元件是单片机电路的元件，这个元件绘制比较简单，通过元件的绘制，读者要掌握元件绘制的方法。示例元件型号为 NEC8279，该元件共 40 个引脚，每个引脚的电气名称和引脚功能如图 4-12 所示。在该图中有一些特殊的引脚，需上画线，这些在绘制时要引起注意。同时，要注意的是 40 脚和 20 脚是隐藏的，下面要介绍如何将其显示和隐藏。

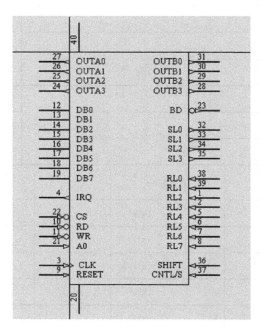

图 4-12　NEC8279 元件

该集成电路是双列排列，左右各 20 个引脚。

2．绘制元件的步骤

该元件绘制的主要步骤简要说明一下，详细的步骤见任务实施部分。

（1）绘制边框。由于该元件是集成电路，因此，首先需要绘制元件的边框。

（2）放置引脚。通过主菜单中的"放置"｜"引脚"命令来实现。要注意的是该元件的引脚的电气特性设置，需要在放置引脚的过程中，按"Tab"键，打开引脚属性即 Pin 特性对话框进行设置，详细见任务实施部分。

 任务实施　简单元件的绘制

下面开始讲述元件的绘制步骤。

3．任务实施1　绘制集成电路元件的边框

绘制边框包括绘制元件符号边框和编辑元件符号边框属性等内容。

1）绘制元件符号边框

在放置元件引脚前需要绘制一个元件符号的方框来连接起一个元件所有的引脚。在一般情况下，采用矩形或者圆角矩形作为元件符号的边框。绘制矩形和圆角矩形边框的操作方法相同，NEC8279元件是矩形边框，下面说明绘制元件符号边框的步骤，其操作步骤如下。

（1）单击画图工具栏中的□按钮，鼠标指针将变成十字形状并附加一个矩形方框显示在工作窗口中，如图4-13所示。

（2）移动鼠标指针到合适位置后单击，确定元件矩形边框的一个顶点，继续移动鼠标指针到合适位置后单击，确定元件矩形边框的对角顶点。

（3）确定了矩形的大小后，元件符号的边框将显示在工作窗口中，此时完成了一个边框的绘制，鼠标指针仍处于图4-13所示的状态，右键单击退出元件绘制状态。

（4）图4-14所示为绘制一个矩形边框的过程。

图4-13　绘制方框的鼠标指针

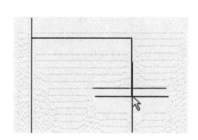

图4-14　绘制矩形边框的过程

（5）矩形边框绘制完成后，需要编辑边框的属性。

2）编辑元件符号边框属性

双击工作窗口中的元件符号边框即可进入该边框的属性编辑，图4-15所示为元件符号边框属性编辑对话框。

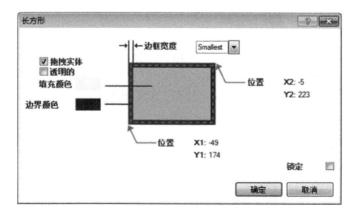

图4-15　元件符号边框属性编辑对话框

该对话框中各项属性的意义如下。

"拖拽实体":是否"填充色"项中选定的颜色填充元件符号边框。

"填充颜色":元件符号边框的填充颜色。

"边界颜色":元件符号边框颜色。

"边框宽度":元件符号边框线宽。Altium Designer 9.0 中提供 Smallest、Small、Medium 和 Large 4 种线宽。

除了"位置"项之外,元件符号边框的各种属性通常情况下保持默认设置。

"位置"选项确定了元件符号边框的位置和大小,是元件符号边框属性中最重要的部分,元件符号边框大小的选取应该根据元件引脚的多少来决定,具体来说就是:首先边框要能容纳所有的引脚,其次就是边框不能太大,否则会影响原理图的美观性。

通过编辑"位置"选项中的坐标值可以修改元件符号边框的大小,但是更常用的还是直接在工作窗口中通过拖动鼠标执行。图 4-16 所示为元件符号边框的选中状态,边框的边角上有小方框,移动鼠标指针到小方框上,拖动鼠标即可调整边框的大小。

边框放置完成的示意图如图 4-17 所示。

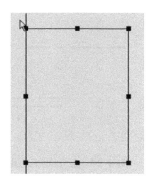
图 4-16 元件边框的选择

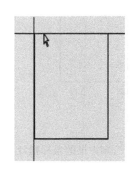
图 4-17 边框放置完成

4. 任务实施 2 放置集成电路的电气引脚

绘制好元件符号边框后,可以开始放置元件的引脚,引脚需要依附在元件符号的边框上。在完成引脚放置后,还要对引脚属性进行编辑。

放置引脚的步骤如下。

(1)单击画图工具栏中的 按钮,鼠标指针变成十字形状并附加一个引脚符号显示在工作窗口中,如图 4-18 所示。

(2)移动鼠标指针到合适位置单击,引脚将放置下来。

> **注意:**
>
> 放置引脚的时候,会有红色的标记提示,这个红色的叉标记即是引脚的电气特性,元件引脚有电气特性的一边一定要放在远离元件边框的外端。

(3)此时鼠标指针仍处于图 4-18 所示的状态,重复步骤(2)可以继续放置其他引脚。

(4)右键单击或者按"Esc"键即可退出放置引脚的操作。

📖 **注意:**

在放置引脚的过程中,有可能需要在边框的四周都放置上引脚,此时需要旋转引脚。旋转引脚的操作很简单,在步骤(1)或者步骤(2)中,按"空格"键即可完成对引脚的旋转。

在元件引脚比较多的情况下,没有必要一次性放置所有的引脚。可以对元件引脚进行分组,让同一组的引脚完成一个功能或者同一组的引脚有类似的功能,放置引脚的操作以组为单位进行。该集成块有 40 个引脚,它们将被一次性的放置在元件边框上,在放置过程中会进行属性的设置。

📖 **注意:**

元件引脚的放置应以原理图绘制方便为前提,有可能这些引脚并不是很有规律的排列,则可以按照原理图的元件引脚排列来绘制。我们可以参考一些手册,察看一下集成电路所接的电路图,以方便连接线路来进行绘制。

(5)在放置引脚过程中按"Tab"键,会弹出引脚属性对话框,在此对引脚进行设置,如图 4-19 所示。

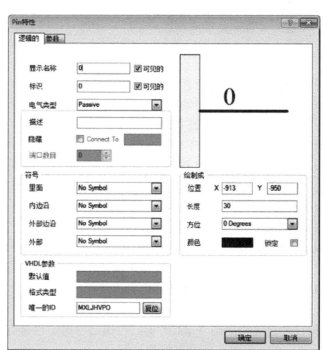

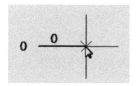

图 4-18 放置引脚时的鼠标   图 4-19 引脚属性设置对话框

该对话框分为以下几栏。

基本属性栏:如标识、显示名称等引脚基本属性。

符号:引脚符号设置。

VHDL 参数:引脚的 VHDL 参数。

绘制成：可以设置引脚的长度、方位、颜色，是否锁定。

◆ 引脚基本属性设置

引脚基本属性设置选项组如图 4-20 所示，在该选项组中的主要内容如下。

（1）显示名字：在这里输入的名称没有电气特性，只是说明引脚作用。为了元件符号的美观性，输入的名称可以采用缩写。该项可以通过设置随后的"可见的"复选框来决定该项在符号中是否可见。

（2）标识：引脚标号。在这里输入的标号需要和元件引脚一一对应，并和随后绘制的封装中焊盘标号一一对应，这样才不会出错。建议设计者绘制元件时都采用数据手册中的信息。该项可以通过设置"可见的"复选框来决定该选项内容在符号中是否可见。

（3）电气类型：引脚的电气类型，该选项有如图 4-21 所示的下拉列表框。

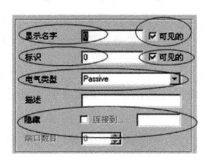

图 4-20 引脚基本属性设置

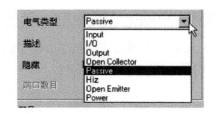

图 4-21 电气类型下拉列表框

下拉列表框中常用项的意义如下。

Input：输入引脚，用于输入信号。

I/O：输入/输出引脚，既有输入信号，又有输出信号。

Output：输出引脚，用于输出信号。

Open Collector：集电极开路引脚。

Passive：无源引脚。

Hiz：高阻抗引脚。

Open Emitter：发射极引脚。

Power：电源引脚。

（4）描述：引脚的描述文字，用于描述引脚功能。

（5）隐藏：设置引脚是否显示出来。

◆ 引脚符号设置

引脚符号设置栏如图 4-22 所示，在该选项组中包含有 4 项内容，它们的默认设置都是 No Symbol，表示引脚符号没有特殊设置。

各项中的特殊设置包括有：

（1）"里面"：引脚内部符号设置，如图 4-23 所示。

该下拉列表框中各项的意义如下。

Postponed Output：暂缓性输出符号。

Open Collector：集电极开路符号。

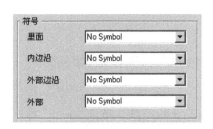

图 4-22 引脚符号栏设置

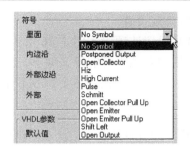

图 4-23 引脚内部符号设置

Hiz：高阻抗符号。

High Current：高扇出符号。

Pulse：脉冲符号。

Schmitt：施密特触发输入特性符号。

Open Collector Pull Up：集电极开路上拉符号

Open Emitter：发射极开路符号。

Open Emitter Pull Up：发射极开路上拉符号。

Shift Left：移位输出符号。

Open Output：开路输出符号。

（2）"内边沿"：引脚内部边缘符号设置。该下拉列表框只有唯一的一种符号 Clock，表示该引脚为参考时钟。

（3）"外部边沿"：引脚外部边缘符号设置。该下拉列表框如图 4-24 所示。

下拉列表框中各项的意义如下。

Dot：圆点符号引脚，用于负逻辑工作场合。

Active Low Input：低电平有效输入。

Active Low Output：低电平有效输出。

（4）"外部"：引脚外部边缘符号设置。该下拉列表框如图 4-25 所示。

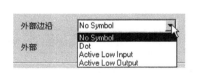

图 4-24 "外部边沿"下拉列表框

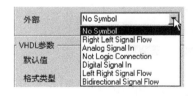

图 4-25 "外部"下拉列表

该下拉列表框中各项的意义如下。

Right Left Signal Flow：从右到左的信号流向符号。

Analog Signal In：模拟信号输入符号。

Not Logic Connection：逻辑无连接符号。

Digital Signal In：数字信号输入符号。

Left Right Signal Flow：从左到右的信号流向符号。

Bidirectional Signal Flow：双向的信号流向方向。

◆ 引脚外观设置

引脚外观设置选项组如图 4-26 所示。

该选项组中各项内容的意义如下。

"位置"：引脚的位置。这个一般不作设置，可以自己移动鼠标来放置。

> 📖 **注意：**
> "长度"即引脚的长度。此项可以设置引脚的长短，默认值是 30mil，可以进行更改。

"方位"：引脚的旋转角度。

"颜色"：引脚的颜色。

"锁定"：设置引脚是否锁定。

我们根据上面的属性对这个元件的第一个引脚进行设置。

（1）该图的第 1 脚、第 2 脚没有使用，直接从第 3 脚开始放置，第 3 脚设置结果如图 4-27 所示，要注意的是选择电气类型为 Input，内边沿为 Clock。

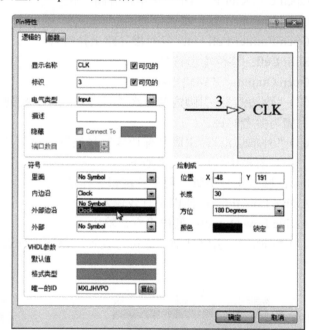

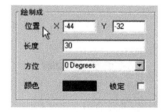

图 4-26　引脚外观设置　　　　　图 4-27　第 3 脚设置结果

（2）按照相同的方法放置余下的所有引脚，要注意的是：对于引脚的小圆圈的放置，要注意选择"外部边沿"为"Dot"，电气类型要根据元件实际情况选择"Input"和"Output"，以放置 22 脚为例说明，放置第 22 脚如图 4-28 所示。

（3）同理放置其他引脚，在放置 40 脚 VCC 时，电气类型的下位菜单要选择 Power，如图 4-29 所示，然后，选择隐藏引脚，如图 4-30 所示。

（4）放置 20 脚 GND 时，也要选择电气类型为 Power。同样选择了隐藏。

（5）此时的元件如图 4-31 所示。

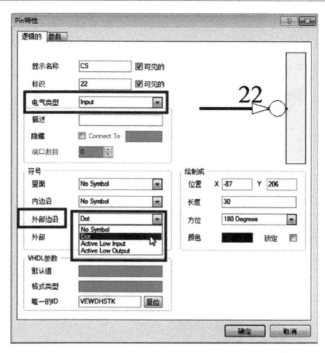

图 4-28 放置第 22 脚

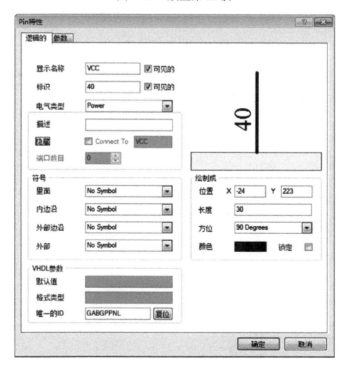

图 4-29 放置第 40 引脚

📖 **注意：**

此时单从图 4-29 来看，没有找到电源 VCC 和 GND 引脚，如果读者认为该图本来就没有这些引脚，而直接将这个元件放置到原理图中，然后转化成 PCB 会发现元件少了连接线。因此，在绘制时，对于别人提供的工程文件，如果要察看元件库的元件，需要显示隐藏的引脚，看下哪些引脚还需要我们自己绘制完成。

图 4-30　隐藏引脚

（6）可以选择主菜单中的"察看"｜"显示隐藏引脚"命令，则整个元件的引脚就会显示出来，此时整个元件效果如图 4-32 所示。

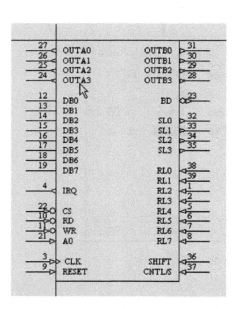

图 4-31　此时的元件

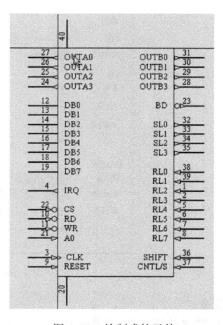

图 4-32　绘制成的元件

5．任务实施 3　更新原理图中的元件

在电子设计中可能会出现这种情况：绘制好元件符号并将它放置在原理图上之后，可能对元件符号进行了修改，这时就需要更新元件符号。设计者可以逐一更新，但是如果元件数目较多，则很烦琐。

Altium Designer 9.0 提供了良好的原理图和元件符号之间的通信。在工作面板的元件符号列表中选择需要更新的元件符号，在原理图库编辑环境中，选择"工具"｜"更新原理图"命令，即可更新当前已打开原理图上所有的该类元件。

6．任务实施 4　为原理图库元件符号添加模型

添加 Footprint 模型的目的是为了以后 PCB 同步设计。

添加步骤如下。

（1）在原理图元件库编辑环境中，单击主菜单中的"工具"｜"器件属性"命令弹出一个对话框，如图 4-33 所示。

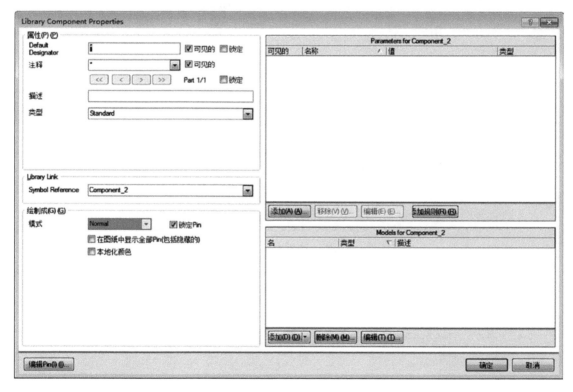

图 4-33　器件属性对话框

（2）在图 4-33 中的右下角区域，单击"添加"按钮，弹出图 4-34 所示对话框。在该对话框选择 Footprint 模型。

（3）单击"确定"按钮，弹出"PCB 模型"对话框，如图 4-35 所示。

（4）在该对话框中单击"浏览"按钮，弹出"浏览库"对话框，如图 4-36 所示。

图 4-34　添加新模型对话框

图 4-35　"PCB 模型"对话框

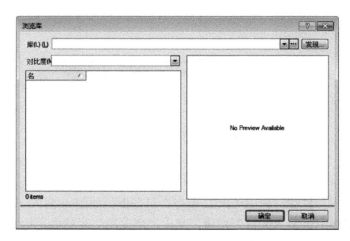

图 4-36　"浏览库"对话框

（5）单击"发现"按钮，弹出"搜索库"对话框，如图 4-37 所示。

图 4-37 "搜索库"对话框

（6）在图 4-37 所示的设置中，选中"库文件路径"单选按钮，单击"路径"旁的🖿按钮，找到 Altium Designer 9.0 安装文件夹的封装库文件，并使其显示在文本框中。

（7）在图 4-37 上面的运算符中选择第 2 项"contains"，在后面的值中输入 DIP40，然后单击"搜索"按钮即可开始搜索。

（8）在"浏览库"中显示搜索结果，如图 4-38 所示。

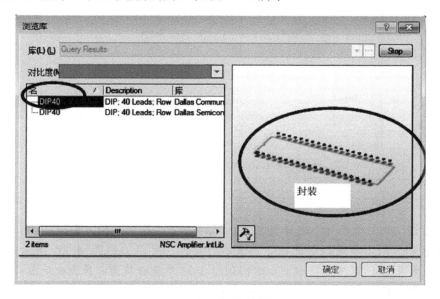

图 4-38 搜索结果

（9）单击 DIP40 封装名称，单击"确定"按钮，提示"是否安装库"，因为该库没有安装，所以提醒安装，单击"是"按钮，如图 4-39 所示。

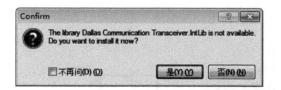

图 4-39　提示安装库

（10）如果封装添加成功，则会在"PCB 模型"对话框中"选择封装"区域出现已经选择的封装，如果没有出现，则需要按下面的方法来解决这个问题，如图 4-40 所示是没有成功添加封装的对话框。

图 4-40　显示选择的封装

> 📖 **注意：**
> 　　如果在图 4-40 所示的"选择封装"区域部分任然是空白的，则说明 DIP40 这个封装没有安装起，则需要通过下面的方法来进行安装，可以回到图 4-38 所示的对话框，重新选择，如果图 4-38 中没有预览，则回到图 4-37 中重新搜索，再次出现图 4-38 所示的对话框，找到 DIP40 的封装，移动鼠标到该行中的"库"这列中，选择库的名字然后按"Ctrl+C"组合键进行复制，如图 4-41 所示。然后回到图 4-40 中将复制的"库名字"粘贴到"PCB 库"区域的"库名字"那行文本框中，就会出现 DIP40 的封装预览，如图 4-42 所示。

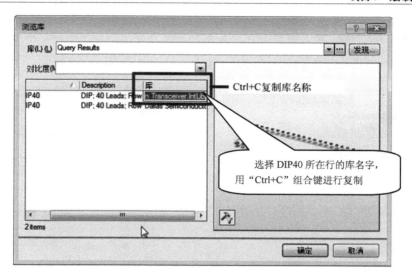

图 4-41　选择 DIP40 所在行的库名字

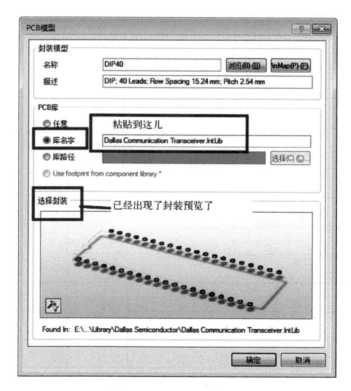

图 4-42　已经出现了封装

（11）最后添加封装后的元件结果如图 4-43 所示。

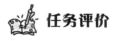 **任务评价**

在任务实施完成后，读者可以填写表 4-3，检测一下自己对本任务的掌握情况。

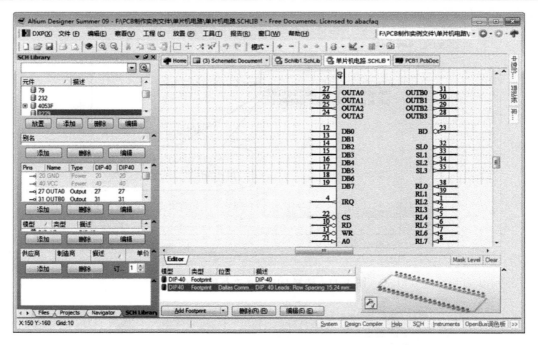

图 4-43   已经成功添加封装

表 4-3   任务评价

任务名称			学时	2
任务描述			任务分析	
实施方案			教师认可：	
问题记录	1.		处理方法	1.
	2.			2.
	3.			3.
成果评价	评价项目	评价标准	学生自评（20%）	小组互评（30%）	教师评价（50%）
	1.	1. （x%）			
	2.	2. （x%）			
	3.	3. （x%）			

续表

	4.	4.	(x%)			
	5.	5.	(x%)			
	6.	6.	(x%)			
教师评语	评　语： 成绩等级：				教师签字：	
小组信息	班　　级		第　组	同组同学		
	组长签字			日　　期		

任务4　修改集成元件库中的元件

任务分析

在任务 3 中绘制了一个全新的集成电路元件，有时，不需要全新绘制，只需要修改集成元件库中的元件。比如：修改电感线圈、电阻器、三极管等。以三极管的修改为例进行介绍，其他元件的修改步骤大体类似。

相关知识

修改集成元件库中元件的步骤简要说明，详细的步骤见任务实施部分。

（1）新建立一个原理图元件库，保存。

（2）打开 Altium 的集成元件库，多数集成元件库在 Miscellaneous Devices.IntLib 中，可以打开它，然后找到普通三极管的元件符号。

（3）在原理图库环境下，单击项目面板中的"SCH Library 标签"，切换到 SCH Library 原理图库面板。

（4）将已经找到的集成元件库中的三极管的符号复制，然后在自己建立的原理图库中的 SCH Library 面板中去粘贴。

（5）粘贴完成后，可以在自己创建的原理图库环境中修改这个三极管。具体的步骤见任务实施部分。

任务实施

1. 任务实施 1　打开集成的元件库并摘取源文件

下面提供一张原理图，如图 4-44 所示。

看图 4-44 中的元件，通过自己查找集成元件库，没有与图中完全相同的三极管，也没有完全相同的电位器，这些都是需要自己绘制的，为了节省时间，我们可以通过复制集成元件库的元件来进行修改实现元件的绘制。

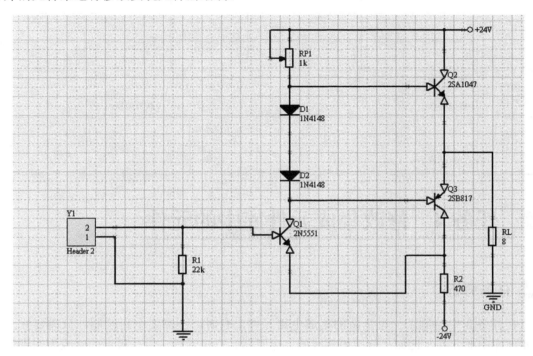

图 4-44　原理图示例

1）打开集成元件库

（1）首先建立一个 PCB 项目，再单击"文件"｜"打开"命令，打开软件安装目录下 Library 元器件库文件。主要要安装的文件的路径，然后打开。

（2）单击找到的"元件库"，选择"打开"，然后打开 Miscellaneous Devices.IntLib。会弹出一个提示对话框，单击"摘取源文件"按钮，如图 4-45 所示。

（3）此时的工程面板如图 4-46 所示。

2）切换到集成元件库"SCH Library"面板

在图 4-46 中矩形框选择的区域内的原理图元件库 Miscellaneous Devices.SchLib 上双击，然后单击图 4-46 面板最下面部分的"SCH Library"切换到元件库面板，如图 4-47 所示。

2．任务实施 2　将集成元件库的符号复制到自己的元件库中

1）新建立一个自己的元件库

在刚建立的 PCB 工程中建立一个自己的 Shematic Library 元件库，选择 PCB 工程，然后在 PCB 工程上单击鼠标右键，选择"给工程添加新的"｜"Shematic Library"建立一个自己的元件库。在工程中增加自己的元件库，如图 4-48 所示。

2）复制集成元件库中的元件

（1）切换到集成元件库面板中，在图 4-47 中选择 2N3904 进行复制，如图 4-49 所示。

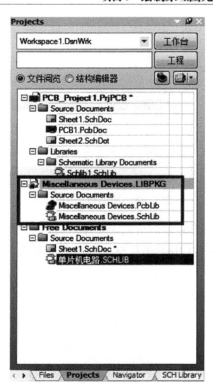

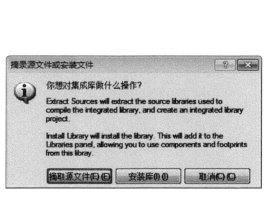

图 4-45 摘取源文件

图 4-46 元件库已经在里面了

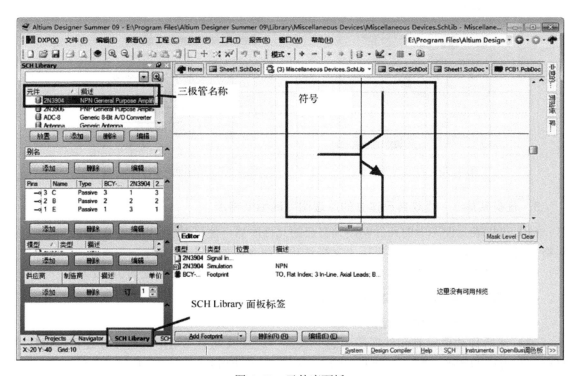

图 4-47 元件库面板

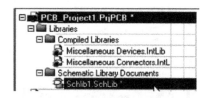

图 4-48 增加自己的元件库

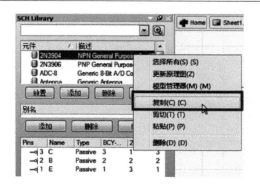

图 4-49 选择复制集成的元件库元件

（2）复制元件后切换到自己的 Schlib1.SchLib 库文件面板，如图 4-50 所示，然后在图 4-51 中单击鼠标右键选择"粘贴"命令。

图 4-50 自己的库面板

图 4-51 粘贴元件到自己的库中

3. 任务实施 3 修改自己建立的原理图库的图纸格点

（1）将集成元件库中的元件粘贴到自己的元件库后，便可对 2N3904 进行修改，修改前对格点进行设置，单击"选项"｜"文档选项"命令，如图 4-52 所示。

（2）出现"库编辑器工作台"对话框，在图 4-53 中将"栅格"处的 10 改为 1。

4. 任务实施 4 修改复制的集成三极管元件

（1）单击图 4-54 中的三角形箭头。

（2）然后移动鼠标到元件库图中的三极管中进行放置小三角形，在放置过程可以按空格键进行方向的转换，将三极管原来的三个引脚先移动到旁边，如图 4-55 所示。

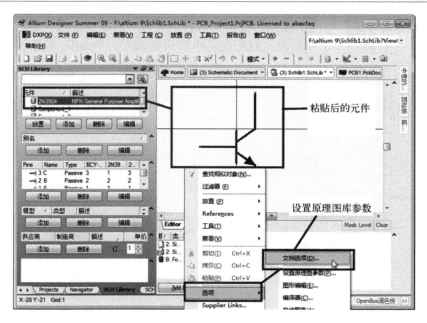

图 4-52 选择文档选项

图 4-53 更改栅格

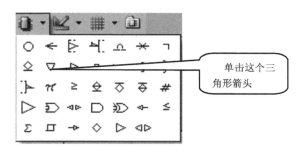

图 4-54 选择箭头

（3）然后双击每个三角形，我们也可以在放置小三角形的过程中按"Tab"键，这两种方式都会弹出图 4-56 所示的对话框，我们在其中将线宽设置为 Small，颜色设置为蓝色。

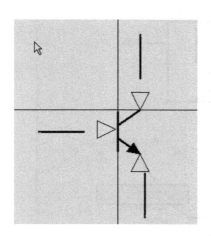

图 4-55　放置小三角形　　　　　　　图 4-56　设置小三角形的线宽和颜色

（4）经过修改后的图形如图 4-57 所示。

（5）移动元件原有的引脚，放置完成的元件如图 4-58 所示。然后保存该元件和自己绘制的元件库到一个自己定义的路径中。要记住自己保存的路径。

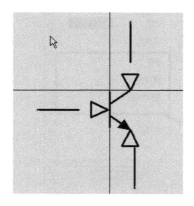

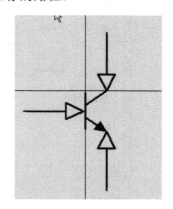

图 4-57　修改后的图形　　　　　　　图 4-58　完成的元件

（6）其他的几个三极管的修改方法相同，不再多述。电位器 RP 的绘制方法与这个三极管也差不多了多少，只是要注意那个箭头的绘制方法。

元件完成后，在绘制原理图中需要安装自己的元件库，然后将他们放置在原理图中，安装方法与前面介绍的安装集成元件库的方法一样，需要选择自己的元件库。打开"库"面板，然后单击"元器件库"弹出"可用库"对话框，再单击"安装"选择自己的元件库进行安装，

📖 **注意：**
　　在"文件类型"下拉列表中选择第 2 项，不然看不到新创建的元器件，如图 4-59 所示。

图 4-59 选择自己的元件库

单击打开后，就可以在"库"面板中看到自己的元件了。然后放置元件的方法与前面一样，但是要注意的是：此时，如果直接将元件拖动到原理图中，元件会显示不正常，所以需要通过放置命令，或者双击来放置元件。

按以上方法可以将 Q1 2N5551、Q2 2SA1047、Q3 2SB817 创建出来。

任务评价

任务实施完成后，读者可以填写表 4-4，检测一下自己对本任务的掌握情况。

表 4-4　任务评价

任务名称			学时	2
任务描述			任务分析	
实施方案			教师认可：	
问题记录	1.		处理方法	1.
	2.			2.
	3.			3.

续表

	评价项目	评价标准	学生自评 （20%）	小组互评 （30%）	教师评价 （50%）
成果 评价	1.	1.　　　（x%）			
	2.	2.　　　（x%）			
	3.	3.　　　（x%）			
	4.	4.　　　（x%）			
	5.	5.　　　（x%）			
	6.	6.　　　（x%）			
教师 评语	评　　语： 成绩等级：　　　　　　　　　　　　　　　　　　教师签字：				
小组 信息	班　　级		第　　组	同组同学	
	组长签字		日　　期		

项目自测题

（1）元件符号库的创建方法。

（2）元件符号库的创建主菜单和主工具栏有哪些？

（3）如何设计一个简单的元件符号？写出操作步骤并上机实战。

（4）完成下面的元件符号的创建，如图 4-60 所示。同时要求增加封装模型。其中 16 脚为 VCC，隐藏，电气类型为 Power，15 脚为 GND，隐藏，电气类型为 Power。

（5）修改电阻器的外形。找一个集成电阻符号修改为如图 4-61 所示的电位器。

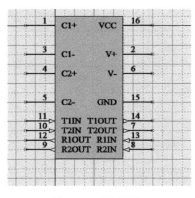

图 4-60　原理图

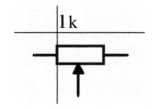

图 4-61　修改电位器

项目 **5**

绘制电路原理图

项目描述

在项目 3 中介绍了原理图的设计流程，并介绍了原理图图纸的模板设计、原理图图纸的视图操作、对象操作、原理图的注释和打印，在项目 4 中介绍了原理图库元件的设计，在本项目中将介绍原理图中最为重要的内容，即电路的绘制。

项目导学

本项目中将介绍原理图库的安装、元件的搜索、元件的放置、元件封装的检查和添加、元件的电路连接。通过本项目的学习，要掌握以下内容。

（1）掌握原理图元件库的安装方法。

（2）掌握原理图元件的搜索方法。

（3）掌握原理图元件的放置方法。

（4）掌握原理图元件的封装检查及封装的添加方法。

（5）掌握原理图的电气连接方法。

任务 1　放置原理图的元件

任务分析

原理图中有两个基本要素：元件符号和线路连接。绘制原理图的主要操作就是将元件符号放置在原理图图纸上，然后用导线或总线将元件符号中的引脚连接起来，建立正确的电气连接。放置元件符号前，需要知道元件符号在哪一个元件库中，并需要载入该元件库。本任务将介绍元件库的安装、搜索、元件的放置。

ⓘ 相关知识

1．原理图元件库的引用

1）启动元件库

在 Altium Designer 9.0 中支持单独的元件库或元件封装库，也支持集成元件库。它们的扩展名分别为：SchLib、IntLib。

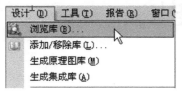

图 5-1 选择浏览库

启动元件库的方法如下：

（1）单击主菜单中的"设计"｜"浏览库"命令，如图 5-1 所示。

（2）弹出"库"面板。

（3）窗口中默认打开的是 Altium Designer 9.0 自带的"Miscellaneous Devices.IntLib"集成元件库，集成元件库的元件符号、封装、SPICE 模型、SI 模型都集成在库里。

（4）在"库"面板中选择一个元件，如：单击 2N3904 将会在库面板中显示这个元件的元件符号、封装、SPICE 模型、SI 模型，如图 5-2 所示。

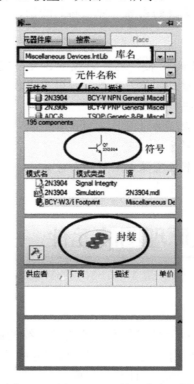

图 5-2 选择 2N3904 的元件库面板

2）加载元件库

启动元件库面板后，可以方便地加载元件库。加载元件库的方法如下：

（1）单击图 5-2 所示的"库"面板中的"元器件库"按钮。

（2）弹出如图 5-3 所示的对话框，在该对话框中列出了已经加载的元件库文件。

图 5-3　可用元件库

（3）单击图 5-3 中的 "已安装"标签，切换到"已安装"选项，然后单击 安装(I)... 按钮，将弹出如图 5-4 所示的窗口，可以在该窗口中选择需要加载的元件库，单击"打开"按钮即可加载选中的元件库。

图 5-4　加载元件库

> 📖 **注意：**
> Altium Designer 9.0 默认的库文件目录为 Altium Designer 9.0 安装目录下的 Library 目录，在此目录下有许多库目录，可以打开后选择加载。如果要加载 PCB 的库文件，则在 Library 目录的下级目录 PCB 中查找加载。

（4）选择加载库文件后将会回到"可用元件库"对话框，该对话框将列出所有可用的库文件列表。

（5）在库文件列表中可以更改元件库位置，在图 5-3 所示窗口中，选中一个库文件，该文件将以高亮显示。单击"向上移动"按钮可以将该库文件在列表中上移一位，单击"向下移动"按钮可以将该库文件在列表中下移一位。

3）卸载库文件

加载元件后，可以卸载元件库，卸载方法是：选择图 5-3 库列表中的元件库，单击

"删除"按钮，即可卸载选中的元件库。

> 📖 **注意：**
> 　　在设计工程中卸载元件库只是表示在该工程中不再引用该元件库，而没有真正删除软件中的元件库。

2．原理图元件的搜索

上一节讲述的元件库的加载或卸载操作，此时的情况是我们已经知道了需要的元件符号在哪个元件库中，所以直接加载需要的元件库。但是实际情况中可能并非如此，设计者有时并不知道元件在哪个元件库中，此外，当设计者面对的是一个庞大的元件库时，一个寻找列表中每个元件直到找到自己想要的元件是一件非常麻烦的事情，工作效率就很低。Altium Designer 9.0 提供了强大的元件搜索能力，帮助设计者轻松地在元件库中搜索元件。元件搜索的具体操作见任务实施部分。

3．原理图元件的放置

加载元件库查找到了需要的元件或者搜索到元件后加载该元件库，可以将元件放置到原理图上了。在 Altium Designer 9.0 中有两种方法放置元件，它们分别是通过"库"面板放置和"菜单"放置。具体操作见任务实施部分。

 任务实施　原理图元件的放置

4．任务实施 1　启动元件库和加载元件库

假如要加载一个已经知道元件库名称的元件库，则可以按如下步骤进行。

（1）单击"设计"｜"浏览库"命令启动库面板。

（2）在"库"面板中，再单击"元器件库"按钮，弹出"可用库"对话框，切换到"已安装"选项。

（3）再单击"安装"按钮，选择库的路径和名称，单击"打开"即可安装。

5．任务实施 2　原理图元件的搜索

当不知道元件库在哪个位置，则可以通过元件名称来搜索。搜索元件可以采用下述方法：

（1）在图 5-2 所示的"库"面板中，单击"搜索"按钮，将弹出如图 5-5 所示的对话框。

（2）在图 5-5 所示对话框中可以设置查找元件的域、元件搜索的范围、元件搜索的路径、元件搜索的标准及值，然后进行搜索即可得到元件搜索的结果。首先是按 Name 名称进行搜索，运算符号选择"contains"，含义是包含，意思是后面的值包含 555 的元件都可以搜索出来。

（3）设置元件查找的类型：单击图 5-5 中的"范围"区域内的"在…中搜索"文本框后面的下拉箭头选择"查找类型"，如图 5-6 所示。

> 📖 **说明：**
> 　　以上 4 种类型分别为"元件"、"封装"、"3D 模式"、"数据库元件"。

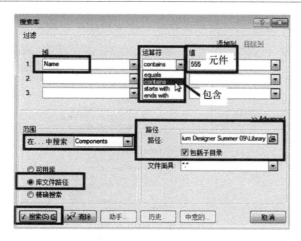

图 5-5 搜索元件

图 5-6 查找类型

（4）设置元件搜索的范围：在 Altium Designer 9.0 中支持两种元件搜索范围，一种是在当前加载的搜索元件库中搜索，另一种是在指定路径下的所有元件库中搜索。

在"范围"栏中选中"可用库"单选按钮，表示搜索范围是当前加载的所有元件库，选中"库文件路径"单选按钮，则表示在右边"路径"栏中给定的路径下搜索元件，如图 5-7 所示。

（5）在"路径"栏中单击 按钮，选择要搜索的路径，单击"确定"按钮即可。

（6）在图 5-5 中设置完成后，我们单击图 5-5 中的"搜索"按钮即可开始搜索。

（7）元件搜索结果对话框如图 5-7 所示。

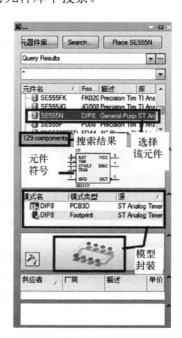

图 5-7 元件搜索结果

📖 **注意：**

在如图 5-7 所示的对话框中列出了搜索到的元件的名称、所在的元件库以及该元件的描述，在对话框的下方还有搜索到元件的符号预览和元件封装预览。

如果查找到的元件符合设计者的要求，则在图 5-7 中元件列表区域中双击符合要求的元件即可将元件放置在图纸中。

📖 **注意：**

如果搜索的元件所在元件库没有安装过，则会弹出一个提示对话框，提示安装元件所在的元件库，如图 5-8 所示是提示该元件库没有安装，提示我们进行安装。只是不同的元件，则提示安装的元件库名称是不一样的。

单击"是"按钮将会安装该元件库，同时元件会跟着鼠标出现在原理图中，如图 5-9 所示。单击鼠标左键即将放置该元件。同时，安装的元件库将在原理图中可用，如图 5-10 所示。

图 5-8　提示安装元件库

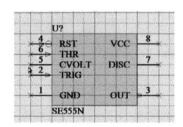

图 5-9　鼠标带着元件

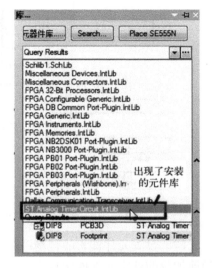

图 5-10　出现了安装的元件库

6．任务实施 3　原理图元件的放置

下面叙述两种放置方法。

1）通过元件库面板放置

通过"库"面板放置元件的步骤如下：

（1）打开"库"面板，载入所要放置元件所在的库文件。需要的元件 SE555N 在
ST Analog Timer Circuit.IntLib 元件库，加载这个元件库。

> 📖 **注意：**
> 　　如果不知道元件所在的元件库，则可以按照前面介绍的方法进行搜索，然后再加载
> 搜索到的元件所在的元件库。

（2）加载元件库后，选择想要放置元件所在的元件库。在图 5-11 所示的下拉列表中选
择 ST Analog Timer Circuit.IntLib 文件。

（3）单击鼠标，该元件库出现在文本框中，可以放置其中的所有元件。在元件列表区
域中将显示库中所有的元件，如图 5-12 所示。在图 5-12 中选择的是 SE555N。

（4）在图 5-12 中，选中元件"SE555N"后，在"库"面板中将显示元件符号的预览以
及元件的模型预览，确定是想要放置的元件后，单击面板上方的 Place SE555N 按钮，鼠标指
针将变成十字形状并附加元件"SE555N"的符号显示在工作窗口中，如图 5-13 所示。

（5）移动鼠标指针到原理图中合适的位置，单击鼠标左键，元件将被放置在鼠标指针
停留的地方。此时鼠标指针仍然保持图 5-13 所示的状态，可以继续放置该元件。在完成放
置选中元件后，单击鼠标右键，鼠标指针恢复成正常状态，从而结束元件的放置。

（6）完成一些元件的放置后，可以对元件位置进行调整，设置这些元件的属性。然后
重复刚才的步骤，放置另外的元件。

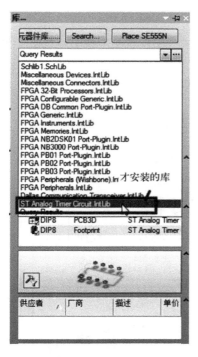

图 5-11 选择文件

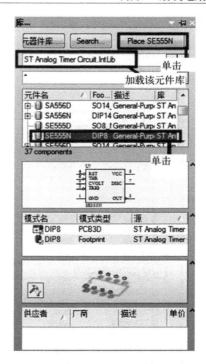

图 5-12 元件库中的元件列表

2）通过菜单放置

单击主菜单中的"放置"|"器件"菜单选项，将弹出如图 5-14 所示的对话框。

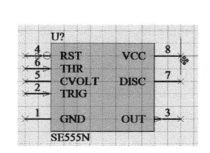

图 5-13 放置元件的鼠标状态

图 5-14 放置元件窗口

比如我们放置元件 SE555N，放置的具体步骤如下：

（1）单击图 5-14 对话框中的 ··· 图标，将弹出如图 5-15 所示的对话框，在元件库下拉列表中选择 ST Analog Timer Circuit.IntLib 元件库，然后选择元件 SE555N。

（2）单击"确定"按钮，在弹出的"放置端口"窗口中，将显示选中的元件，如图 5-15 所示。

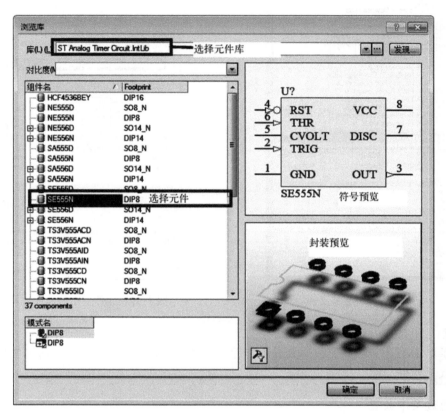

图 5-15 选择放置的元件

此时对话框中显示出了被放置元件的部分属性，包括：

"标识"：被放置元件在原理图中的标号。这里放置的元件为集成电路，因此采用 U 作为元件标号。根据电路图设置好元件的标号。

"注释"：被放置元件的说明。

"封装"：被放置元件的封装。如果元件为集成元件库的元件，则在本栏中将显示元件的封装，否则需要自己定义封装。

（3）单击"确定"按钮，鼠标指针带着元件，此时元件处于放置状态，单击鼠标左键可以连续放置多个元件，放置完成后，单击鼠标右键，完成元件的放置。

> 📖 **注意:**
> 放置元件时，并不需要一次性将一张原理图上所有的元件放置完，这样往往难以把握原理图的绘制。通常的做法是将整个原理图划分为若干个部分，每个部分包含放置位置接近的一组元件，一次放置一个部分，然后进行元件属性设置，然后再连线。原理图中的元件数目较少，可以一次性将所有元件全部放置上去。

任务评价

在任务实施完成后，可以填写表 5-1，检测一下自己对本任务的掌握情况。

表 5-1 任务评价

任务名称			学时	2
任务描述			任务分析	
实施方案			教师认可：	
问题记录	1.		处理方法	1.
	2.			2.
	3.			3.

成果评价	评价项目	评价标准	学生自评（20%）	小组互评（30%）	教师评价（50%）
	1.	1. （x%）			
	2.	2. （x%）			
	3.	3. （x%）			
	4.	4. （x%）			
	5.	5. （x%）			
	6.	6. （x%）			

教师评语	评　语：			
	成绩等级：		教师签字：	

小组信息	班　级		第　组	同组同学	
	组长签字		日　期		

任务 2　设置原理图元件的属性

任务分析

在任务 1 中介绍了原理图中元件的放置，原理图元件放置后，并不是原理图就绘制完成了，还需要对原理图的元件进行属性设置。比如：元件的标识、显示名称等。

💡 相关知识

在放置元件之后，需要对元件属性进行设置。元件的设置一方面确定了后面生成网络报表的部分内容，另一方面也可以设置元件在图纸上的摆放效果。此外在 Altium Designer 9.0 中还可以设置部分的布线规则，还可以编辑元件的所有引脚。

元件属性设置包含以下五个方面的内容：

（1）元件的基本属性设置。

（2）元件在图纸上的外观属性设置。

（3）元件的扩展属性设置。

（4）元件的模型设置。

（5）元件引脚的编辑。

设置元件的属性首先需要进入元件属性编辑对话框。

进入元件属性编辑对话框的方法非常简单，只需要在原理图图纸中双击想要编辑的元件，系统会弹出如图 5-16 所示的元件属性编辑对话框，除了这种方法外，我们还可以在放置元件的过程中按键盘上的"Tab"键，也会弹出"元件属性"编辑对话框。

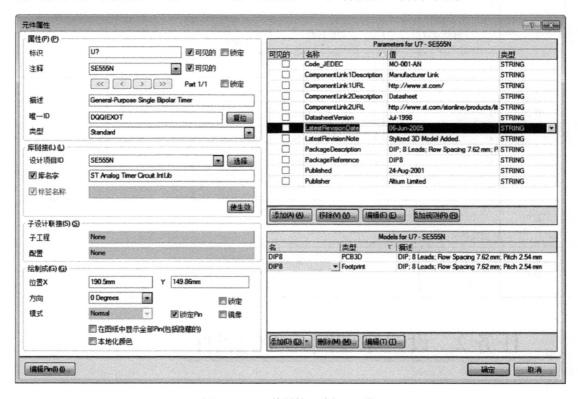

图 5-16 "元件属性"编辑对话框

可以在图 5-16 所示的对话框中进行元件的属性。详细设置在任务实施部分介绍。

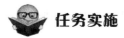 **任务实施**

1. 任务实施 1 设置元件的基本属性

元件基本属性设置在图 5-16 中"属性"项和"库链接"及"图形"项中进行。

"属性"项中包含以下内容：

（1）标识：元件的标号。在一个项目中的所有元件都有自己的标号，标号区别了不同的元件，因此标号的设定是唯一的。

（2）注释：对元件的说明。

（3）Library：该元件所在的元件库。这一项为固定值，通常情况下不允许修改。

（4）描述：对元件的描述。

（5）唯一 ID：该元件的唯一 ID 值。

在"标识"选项和"注释"选项后面的"可见的"复选框决定对应的内容是否在原理图上有显示。选中"可见的"复选框，表明这些内容将会在原理图上显示出来。

"属性"选项组中内容的设置决定了网络报表中的元件标号。

"库链接"项中的内容如下：

（1）"设计项目"：就是元件的名字，可以单击后面的"选择"按钮重新选择其他元件。

（2）"库名字"：该元件所在的元件库。这一项一般不改。

可以根据电路的需要对 SE555N 的标识进行标注，如我们标为 U1。则 U1 就表示该元件符号了。

2. 任务实施 2 设置元件外观属性

元件外观属性设置还是在图 5-16 进行设置。

该项中包含以下内容：

（1）位置：该元件在图纸上的位置。原理图图纸上的位置是通过元件的坐标来确定，其中的坐标原点为图纸的左下角顶点。直接在 X 和 Y 文本框中输入数值可改变元件的位置。

（2）方向：该元件的旋转角度。在 Altium 9.0 中提供了 4 种旋转角度：0°、90°、180°和 270°。单击下拉按钮，弹出一个选择旋转度数的下拉列表框，从列表框中即可设置元件的旋转角度。

（3）镜像：是否将该元件镜像显示。选中该复选框即可使得元件镜像显示。

（4）"在图纸中显示全部 Pin（包括隐藏的）"：是否显示该元件的隐藏引脚。有些元件在使用时会有些引脚需要悬空，有时候在一个设计中元件的某些引脚没有用到，这些情况下，都可以在绘制元件符号时将这些引脚隐藏起来。在原理图中引用该元件符号时，隐藏了的引脚将不会显示出来。如果想要显示隐藏了的引脚，选中该复选框即可。

（5）本地化颜色：设置本地的元件符号颜色。 选中该复选框，将出现颜色选择色块。

单击颜色块弹出设置颜色的对话框。这里可以设置元件符号填充颜色、边框颜色和引脚颜色。一般情况下保持默认即可。

（6）锁定 Pin：设置是否锁定引脚位置。如果取消选择该复选框，设计者将可以在原理图中改变引脚位置。

（7）锁定：设置是否锁定元件位置。

"绘制成"选项组中内容的设置决定了元件在原理图中的位置，合理的设置会让原理图更加美观，连线也更加容易。

3．任务实施3　元件扩展属性编辑

元件扩展属性编辑还是在图 5-16 进行设置。

双击某一选项，可以进入相关的属性设置，如图 5-17 所示。

"名称"：说明选项的名称。在该栏中可以设置该选项在原理图上是否可见。

"值"：说明选项的取值。在该栏中可以设置该选项在原理图上是否可见。是否锁定。

"属性"：说明选项的属性，包括说明选项的位置、颜色、字体、旋转角度等。

除了系统给出的默认说明选项，设计者也可以根据需要新增或者删除自己定义元件的说明选项。

（1）单击图 5-16 中元件扩展属性区域的"添加"按钮，将弹出和图 5-17 相同的对话框。设计者可以根据实际情况自己设置对话框，完成设置后，单击"确认"钮，即可在说明选项的列表中加入刚才定义的说明选项。

（2）单击图 5-16 中的"移除"按钮，设计者可以删除元件的说明选项。

（3）单击图 5-16 中的"添加规则"按钮，设计者可以在原理图中定义布线规则。

4．任务实施4　设置元件模型

元件的模型设置如图 5-16 所示的右下角区域。

在该项中可以设置元件的封装。单击图 5-16 中的"添加"按钮，可以增加 Footprint 模型、SI 模型等，如图 5-18 所示。

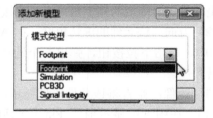

图 5-17　参数属性选项　　　　　　　　　　图 5-18　增加元件模型

在普通设计中通常牵涉的模型只有元件封装，设置元件封装的步骤如下：

（1）在图 5-16 选中元件封装选项，该选项将高亮显示，单击"编辑"按钮，也将弹出如图 5-19 示的对话框。

（2）加载封装所在的库。Altium Designer 9.0 支持的封装库包括集成元件库和普通的封装库，选中编辑的对象来自集成元件库，该栏中的默认设置为"Use footprint from integrated library Motorola Analog Timer Comparator.IntLib"，表示采用集成元件库中和元件符号关联上的封装，此时无须加载别的封装库。图 5-19 已经出现了封装，说明已经加载成功了。如果没有封装预览，或者预览的封装不正确，我们可以进行第（3）步中的操作。

选中"任意"单选按钮，表示在所有加载了的元件库中选择封装；

选中"库名字"单选按钮，表示在指定名称的元件库中选择封装；

选中"库路径"单选按钮，表示在指定路径下的元件库中选择封装。

（3）如选中"任意"单选按钮，再单击 浏览(B)... 按钮，将弹出如图 5-20 所示的对话框。在该对话框中先选择元件所在的元件库，然后再选择元件对应的封装，SE555N 假如我们选择的封装是 DIP8 则作图 5-20 所示的选择。

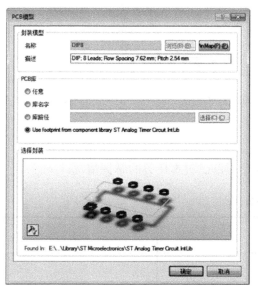
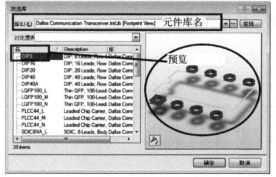

图 5-19　"PCB 模型"对话框　　　　　　图 5-20　选择元件封装

（4）单击"确定"按钮，完成封装选择。

（5）在图 5-19 对话框中还提供了元件符号和元件封装间的引脚到引脚对应关系的设置功能。

> 📖 **注意：**
>
> 如果没有所需要的元件封装，可以通过单击图 5-20 中的"发现"按钮来查找元件的封装。

5. 任务实施 5　元件说明文字的设置

在原理图上每个元件都有自己的说明文字，包括元件的标号、说明及取值，它们都是元件的属性，可以在元件属性中设置。但它们也可以直接在原理图上设置，双击想要设置的内容，即可编辑该项内容。

（1）如果想要编辑元件的说明，在原理图上对放置元件的"注释"文字双击，将弹出如图 5-21 所示对话框。设计者可自行设置元件标号的各项内容，如果在设计中没有必要在原理图上显示元件说明，则该项设置为在原理图上不可见。

（2）在完成设置后，单击"确定"按钮，将关闭对话框。此时重新打开元件属性编辑话框，可以看到刚才修改的内容在元件属性中也有修改。

图 5-21　元件说明文字设置

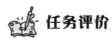 **任务评价**

在任务实施完成后，可以填写表 5-2，检测一下自己对本任务的掌握情况。

表 5-2　任务评价

任务名称				学时	2		
任务描述				任务分析			
实施方案				教师认可：			
问题记录	1.			处理方法	1.		
	2.				2.		
	3.				3.		
成果评价	评价项目		评价标准		学生自评（20%）	小组互评（30%）	教师评价（50%）
	1.		1.　　（x%）				
	2.		2.　　（x%）				
	3.		3.　　（x%）				
	4.		4.　　（x%）				
	5.		5.　　（x%）				

成果评价	6.	6.	（x%）			
教师评语	评　语： 成绩等级：			教师签字：		
小组信息	班　级		第　组	同组同学		
	组长签字			日　期		

任务3　原理图电路绘制

任务分析

在完成一部分的元件放置工作并做好元件属性和元件位置调整后，可以开始绘制电路。元件的放置只是说明了电路图的组成部分，并没有建立起需要的电气连接。电路要工作需要建立正确的电气连接，因此，需要进行电路绘制。

本任务将介绍电路绘制的方法。

相关知识

对于单张电路图，绘制包含的内容有：

（1）导线/总线绘制。

（2）添加电源/接地。

（3）设置网络标号。

（4）放置输入/输出端口。

1. 电路绘制菜单

Altium Designer 9.0 提供了很方便的电路绘制操作。所有的电路绘制功能在如图 5-22 所示的菜单中都可以找到。

Altium Designer 9.0 还提供了工具栏。常用的工具栏有两个："画线"工具栏和"电源"工具栏。

2. 电路绘制画线工具栏

"画线"工具栏如图 5-23 所示。该工具栏提供导线绘制、端口放置等操作。

图 5-22　电路绘制菜单

图 5-23　画线工具栏

工具栏中各按钮的功能分别列举如下：

⚌按钮：绘制导线。

⤴按钮：绘制总线。

⫴按钮：放置信号线束。

⤵按钮：绘制导线分支。

▦按钮：放置网络标号。

⏚按钮：放置电源接地符号。

ᴠᴄᴄ按钮：放置电源。

⎘按钮：放置元件。

▦按钮：放置方框电路图。

▯按钮：放置方框电路图上的端口。

▧按钮：放置器件图表符。

⊞按钮：放置线束连接器。

↖按钮：放置线束入口。

▭按钮：放置原理图上的端口。

✕按钮：放置忽略 ERC 检查点。

3．电路绘制电源工具栏

"电源"工具栏如图 5-24 所示。该工具栏提供了各种电源符号。

该工具栏中提供了各种电源和地符号，使用起来相当方便。其中电源符号除了可编辑的 VCC 供电，还提供了常用的 +12V、+5V 和-5V。

考虑到在有些电子设计中，尤其是高速电子设计中，电路的地分开成电源地、信号地和与大地相连的机箱地，为了能在电路设计中分清楚各种地，Altium Designer 9.0 为它们设置了各自不同的符号。

对于电路绘制的各种介绍，我们在任务实施中详细操作。

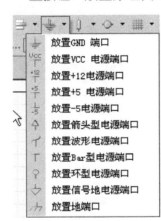

放置GND 端口
放置VCC 电源端口
放置+12电源端口
放置+5 电源端口
放置-5电源端口
放置箭头型电源端口
放置波形电源端口
放置Bar型电源端口
放置环型电源端口
放置信号地电源端口
放置地端口

图 5-24　电源工具栏

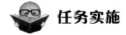 **任务实施**

4．任务实施 1　原理图中绘制导线

导线的绘制可以从三个方面来理解，即导线的绘制、导线属性的设置、导线的操作。

导线是电气连接中最基本的组成单位，单张原理图上任何的电气连接都是通过导线建立起来。

图 5-25 中的已经选中的导线没有连接到任何元件引脚或者端口上，没有具体的意义。如果将导线连接到具体元件的引脚上，则导线表示相应脚之间有电气连接。因此在原理图上绘制导线的目的是为了将元件引脚用导线连接起来，表示引脚之间有电气连接。

绘制导线的方法较为简单，采用如下的步骤即可：

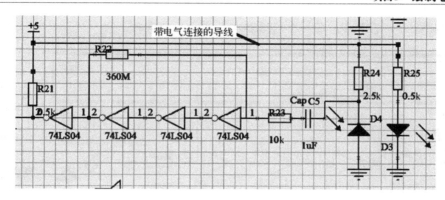

图 5-25 原理图中的导线

（1）单击放置导线的 ≈ 按钮，鼠标指针将变成十字形状并附加了一个叉记号，显示在工作窗口中，如图 5-26 所示。

（2）将鼠标指针移动到需要建立连接的一个元件引脚上，单击鼠标左键确定导线的起点。

> 📖 注意：
> 　　导线的起始点一定要设置到元件的引脚上，否则绘制的导线将不能建立起电气连接。当移动鼠标到元件的引脚上时，会有一个元件引脚与导线相连接的标识，就是有一个红色的叉标记，说明已经具有的电气连接。

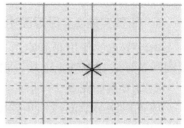

图 5-26 鼠标指针状态

（3）移动鼠标，随着鼠标的移动将出现尾随鼠标的导线。移动鼠标到需要建立连接的元件引脚上，单击鼠标左键，此时一根导线已经绘制完成。

（4）此时鼠标指针仍处于图 5-27 所示的状态，此时可以以刚才绘制的元件引脚为起始点，如果重复步骤（3）则将可以开始连接下一个元件引脚。

（5）在以这个元件引脚为起始点的电气连接建立完成后，单击鼠标右键，结束这个元件引脚起始点的导线绘制。

（6）此时可以重新选择需要绘制连接的元件引脚作为导线起始点，不需要以刚才的元件引脚为导线起始点。重复步骤（1）、（2）、（3）进行绘制，绘制完成后，然后单击鼠标右键，即可退出绘制状态。导线绘制的过程如图 5-27 所示，在图 5-27 中，从 +5 开始绘制，然后绘制到 R24 的引脚上，可以看到导线在绘制过程中，凡是带有电气连接的都会有个红色的叉标记 "X"。

> 📖 注意：
> 　　当鼠标指针移动到一个元件引脚上时，鼠标指针上的叉标记将变成红色，这样可以提醒设计者已经连接到了元件引脚上。此时可以单击鼠标左键，完成这段导线的绘制。

> 📖 注意：
> 　　导线将两个引脚连接起来后，则这两个引脚具有电气连接，任意一个建立起来的电

气连接将被称为一个网络，每一个网络都有自己唯一的名称。

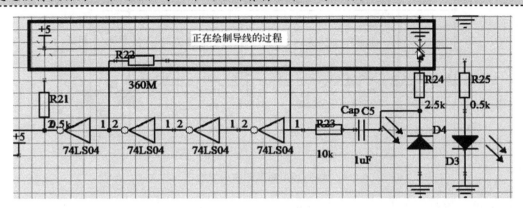

图 5-27　绘制导线的步骤

5．任务实施 2　原理图中放置电路节点

电路节点的作用是确定两条交叉的导线是否有电气连接。如果导线交叉处有电路节点，说明两条导线在电气上连接。它们连接的元件引脚处于同一网络。否则认为没有电气连接。

电路节点如图 5-28 所示。

放置电路节点的操作步骤如下：

（1）单击"放置"｜"手工节点" 按钮，鼠标指针将变成十字形状并附加着电路节点出现在工作窗口中，如图 5-29 所示。

（2）移动鼠标指针到需要放置电路节点的地方，单击鼠标左键，此时放置了一个电路节点。

（3）此时，鼠标指针仍处于图 5-28 时的状态。重复步骤（2）可以继续放置电路节点。

（4）放置完电路节点后，单击鼠标右键或者按"Esc"键即可退出放置电路节点的操作。

（5）通过电路节点进行连线，绘制正确的电气连接。放置电路节点的电路如图 5-29 所示。

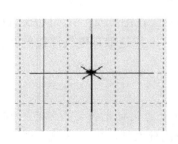

图 5-28　电路节点

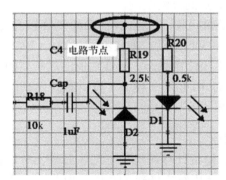

图 5-29　放置电路节点的电路

6．任务实施 3　放置电源/地符号

在电路建立起电气连接后，还需要放置电源/地符号。在电路设计中，通常将电源和地统称为电源端口。

1）放置电源符号

在"PowerObjects"工具栏提供了丰富的电源符号，放置起来很简单。这里以放置电源符号为例来说明放置电源符号的步骤。其操作步骤如下：

（1）单击"电源"工具栏中的 按钮，鼠标指针将变成十字形状并附加着电源符号显示在工作窗口中，如图5-30所示。

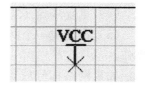

（2）移动鼠标指针到合适的位置，单击鼠标左键即可定位电源符号，鼠标指针恢复到正常状态。

（3）连接电源符号到元件的电源引脚上。

2）编辑电源符号属性

在放置好电源符号后，需要对电源符号属性进行设置。双击电源符号，即可弹出电源端口属性的对话框。

图5-30　放置电源符号时的
鼠标指针形状

该对话框中各栏的意义如下：

（1）"颜色"：该电源符号的颜色。此栏中通常保持默认设置。

（2）"类型"：设置电源符号风格。

（3）"位置"：电源符号的位置。

（4）"方向"：电源符号的旋转角度。

（5）"网络"：电源符号的网络名称。

> 📖 **注意：**
> 网络是电源符号最重要的属性，它确定了符号的电气连接特性，不同风格的电源符号，如果Net属性相同，则是同一个网络。

7. 任务实施4　放置网络标号

在Altium Designer 9.0中除了通过在元件引脚之间连接导线表示电气连接之外，还可以通过放置网络标号来建立元件引脚之间的电气连接。

在原理图上，网络标号将被附加在元件的引脚、导线、电源/地符号等具有电气特性属性的对象上，说明被附加对象所在网络。具有相同网络标号的对象被认为拥有电气连接，它们连接的引脚被认为处于同一个网络中，而且网络的名称即为网络标号名。绘制大规模电路原理图时，网络标号是相当重要的。具体的网络标号应用环境为：

（1）在单张原理图中，通过设置网络标号可以避免复杂的连线。

（2）在层次性原理图中，通过设置网络标号可以建立跨原理图图纸的电气连接。

下面以放置电源网络标号为例来讲述具体的网络标号设置过程。因为网络标号也可用于建立电气连接，在放置网络标号前需要删除电源/地符号以及电源/地符号的连线。

1）放置网络标号

通常情况下，为了原理图的美观，将网络标号附加在和元件引脚相连的导线上。在导线上标注了网络标号后，和导线相连接的元件引脚也被认为和网络标号有关系。具体的网络标号放置步骤如下：

（1）单击 按钮，鼠标指针将变成十字形状并附加着网络标号的标志显示在工作窗口

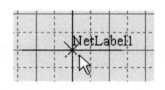

图 5-31　放置元件标号的鼠标指针

中，如图 5-31 所示。

（2）移动鼠标指针到网络标号所要指示的导线上，此时鼠标将显示红色的叉标记，提醒设计者鼠标指针已经到达合适的位置。

（3）单击鼠标左键，网络标号将出现在导线上方，名称为网络标号名的网络中。

（4）重复步骤（2）、（3），为其他本网络中的元件引脚设置网络标号。

（5）在完成一个网络设置后，单击鼠标右键或者按"Esc"键即可退出网络标号放置的操作。

如果网络标号放置了两次，两次网络标号的名称不相同，读者可能已经注意到，两次放置的两个标号递增，Altium Designer 9.0 自动提供了数字的递增。NetLabel1，NetLabel2，NetLabel3 进行递增，这样的网络标号因为不能同名，所以并不能建立起电气连接，因此需要对刚才的网络标号进行属性设置。

2）设置网络标号的属性

双击网络标号，即可进入网络标号属性编辑对话框，如图 5-32 所示。

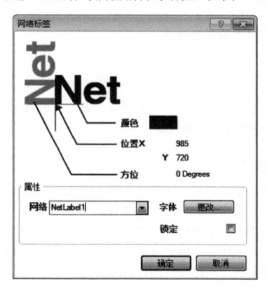

图 5-32　网络标号的属性

在该对话框中网络标号包含如下的属性：

（1）"颜色"：该网络标号的颜色。此栏中通常保持默认设置。

（2）"位置"：该网络标号的位置。

（3）"方位"：该网络标号的旋转角度。

（4）"网络"：该网络标号所在的网络。这是网络标号最重要的属性，它确定了该网络标号的电气特性。具有相同 Net 属性值的网络标号，它们相关联的元件引脚被认为同一网络，有电气连接特性。如：我们将这两个网络标签 NetLabel1，NetLabel2 都设置为 D0。则这两个 D0 具有电气特性。

设置完成的网络标号如图 5-33 所示。

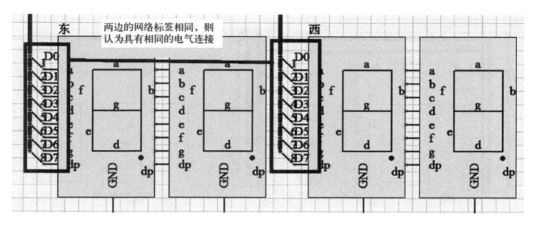

图 5-33 设置完成的网络标号

📖 **注意:**

设置好网络标号后,现在两个网络标号因为都是"D0",所以被认为处于同一网络,它们有电气连接特性。

同时还要注意的是:在原理图中为了避免很多连接导线,很多图是用网络标号来连接元件,这个时候要注意放网络标号时,移动网络标号到元件引脚时,要确定好标号的位置,不能离元件引脚太远,也不能太近,太远、太近都是没有电气特性的,只有移动到元件引脚上出现了叉标记提示,说明已经连接成功,如果网络标号没有放置正确,那么在转换成 PCB 时,会发现有很多元件没有连接线段,只是一个个元件孤立存在。

8. 任务实施 5 绘制原理图中的总线和总线分支

在大规模的电子设计中,存在着大量的连接线路,此时采用总线来连接,可以减小连接线的工作量,同时增加电路图的美观。

我们以图 5-33 中的两个总线和总线分支为例。

1)绘制总线

绘制总线之前需要对元件引脚进行网络标号标注,表明电气连接。

如图 5-33 所示中的 D0~D7 为元件的网络标号标注。

根据上一节所介绍的知识,放置好了网络标号的原理图已经建立好了电气连接。但是为了让原理图更加美观易读,需要绘制总线。绘制总线的步骤如下:

(1)单击"画线"工具栏上的 按钮,鼠标指针将变成十字形状显示在工作窗口中。

(2)和绘制导线的步骤类似,单击鼠标左键确定导线的起点,移动鼠标,通过单击鼠标左键确定总线的转折点和终点。和绘制导线不同的是,总线的起点和终点不需要和元件的引脚相连接,只需要方便绘制总线分支即可。

(3)绘制完一条总线之后,鼠标指针仍处于绘制的状态,重复步骤(2)可以绘制其他总线。

(4)完成总线绘制后,单击鼠标右键或者按"Esc"键即可退出绘制总线的状态。

如图 5-34 所示为绘制完的总线，图中的总线位置使得放置总线分支非常容易。

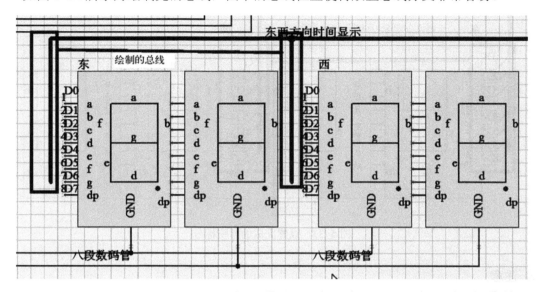

图 5-34 绘制完成的总线

双击总线，即可弹出总线属性编辑对话框。

在该属性对话框中，可以设置总线的宽度、颜色等属性。

2）绘制总线分支

总线分支用于连接从总线和从元件引脚引出的导线。放置总线分支的步骤如下：

（1）单击"画线"工具栏上的 ▶ 按钮，鼠标指针变成十字形状并附加着总线分支显示在工作窗口中，如图 5-35 所示。

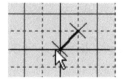

图 5-35 绘制总线分支的鼠标状态

（2）通过按"空格键"调整鼠标指针附加的总线分支角度，然后移动鼠标指针到总线和元件引脚上，鼠标指针的叉标记变成红色后单击鼠标左键放置一个总线分支。

（3）此时鼠标指针仍处于放置总线分支的状态，重复步骤（2）到放置完所有需要的总线分支。

（4）单击鼠标右键或者按"Esc"键，退出放置总线分支的状态。

在完成总线分支绘制后，双击总线分支即可弹出"总线入口"属性编辑对话框。在该对话框中可以设置总线分支的起点/终点位置、颜色以及宽度。

在完成总线分支放置后，即可完成总线的绘制。放置好分支的总线如图 5-36 所示。

9. 任务实施 6 放置端口

除了导线（总线）连接、设置网络标号之外，在 Altium Designer 9.0 中还有第三种方法表示电气连接，那就是放置端口。

和网络标号类似，端口通过导线和元件引脚相连，两个具有相同名称的端口可以建立电气连接。与网络标号不同的是，端口通常用于表示电路的输入/输出，用于层次电路图中，普通单张电路图中一般不需要放置端口。

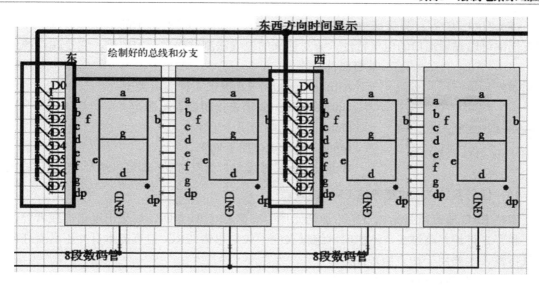

图 5-36　放置好分支的总线

1）放置端口

在原理图中放置端口需要以下的步骤：

（1）单击"画线"工具栏中的◇按钮，鼠标指针变成十字形状并附加一个端口显示在工作窗口中，如图 5-37 所示。

（2）移动鼠标指针到合适的位置，单击鼠标左键，确定端口的一端。

（3）移动鼠标确定端口的长度后，单击鼠标左键，确定端口的位置。

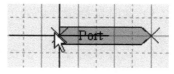

图 5-37　放置端口时的鼠标指针状态

（4）此时已经完成一个端口的放置，鼠标指针仍处于图 5-37 所示的状态，重复（2）、（3）、（4）操作可以继续放置其他的端口。

（5）单击鼠标右键或者按"Esc"键即可退出放置端口的状态。

（6）设置端口属性，对端口进行连线。

2）编辑端口的属性

放置端口后，需要设置端口属性。双击端口即可进入端口属性对话框，在该对话框中可以设置外形参数，也可以添加自定义参数。

在"绘图的"选项卡中，其中各项的意义如下：

（1）"队列"：设置端口的对齐。

（2）"文本颜色"：设置文字颜色。

（3）"宽度"：设置端口宽度。

（4）"边界颜色"：设置端口的边框颜色。

（5）"填充颜色"：设置端口的填充颜色。

（6）"位置"：端口的位置。

（7）"名称"：端口的名称。这是端口最重要的属性之一，具有相同名称的端口被认为存在电气连接。在该下拉列表框中可以直接输入端口名称。

（8）"I/O 类型"：设置端口的电气特性。该项有如图 5-38 所示的下拉列表框。在下拉列表框中可以设置端口的电气特性，会对后来的电气法测试提供一定依据，它是端口的另一重要属性。

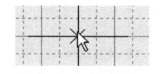

图 5-38 I/O 类型列表

Altium Designer 9.0 提供 4 种端口类型：

Unspecified：表示未指明或者不确定。

Outut：表示端口用于输出。

Input：表示端口用于输入。

Bidirectional：表示端口为双向型，即可以输入，也可以输出。

10．任务实施 7 放置忽略 ERC 检查点

忽略 ERC 检查点是指该点所附加的元件引脚在 ERC 检查时，如果出现错误或者警告，错误和警告将被忽略过去，不影响网络报表的生成。忽略 ERC 检查点本身并不具有任何的电气特性，主要用于检查原理图。

放置忽略 ERC 检查点的步骤如下：

（1）单击"画线"工具栏中的×按钮，鼠标指针将变成十字形状并附加着忽略 ERC 检查点形状，显示在工作窗口中，如图 5-39 所示。

（2）移动鼠标指针到元件引脚上，单击鼠标左键，即可完成一个忽略 ERC 检查点的放置。

图 5-39 放置一个忽略 ERC 检查点的鼠标指针

（3）此时鼠标指针仍处于如图 5-39 所示的状态，重复步骤（2）可以继续放置忽略 ERC 检查点。

（4）完成忽略 ERC 检查点放置后，单击鼠标右键或者按"Esc"键将退出放置忽略 ERC 检查点状态。

双击一个忽略 ERC 检查点即可设置它的属性。忽略 ERC 检查点的标志并没有什么电气特性，只有颜色和位置两种属性。

 任务评价

在任务实施完成后，可以填写表 5-3，检测一下自己对本任务的掌握情况。

表 5-3 任务评价

任务名称		学时	2
任务描述		任务分析	
实施方案		教师认可：	

续表

实施方案					教师认可：		
问题记录	1.			处理方法	1.		
	2.				2.		
	3.				3.		
成果评价	评价项目		评价标准		学生自评（20%）	小组互评（30%）	教师评价（50%）
	1.		1. （x%）				
	2.		2. （x%）				
	3.		3. （x%）				
	4.		4. （x%）				
	5.		5. （x%）				
	6.		6. （x%）				
教师评语	评　语：						
	成绩等级：				教师签字：		
小组信息	班　级		第　组	同组同学			
	组长签字		日　期				

任务 4　绘制振荡原理图

任务分析

在任务中，以绘制一个振荡电路为例来回顾一下电路绘制的所有方法。

相关知识

本任务中将介绍三个晶体管来完成电路图的绘制方法。

1. 设计结果及设计思路

1）设计结果

该电路图如图 5-40 所示。

2）设计思路

（1）首先看原理图中的元件，检查原理图中的元件在原理图元件库中是否能够找到。

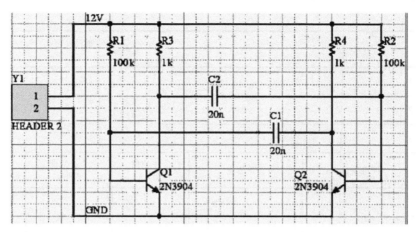

Figure 3. The fully wired schematic

图 5-40 振荡器电路

（2）制作原理图没有的元件。

（3）在项目文件中建立原理图文件，然后加载原理图元件库。

（4）将元件放置在图纸上。

（5）设置元件的参数。

（6）调整元件的布局。

（7）进行电路绘制。

（8）进行电路注释。

2．设置原理图图纸

（1）新建立一个工程文件"PCB_Project1.PrjPCB"。

（2）在工程文件中新建立一个原理图文件，选择"文件"|"新建"选项再选择"原理图"选项，即可新建一个原理图文件。或者将鼠标移动到工程文件"PCB_Project1.PrjPCB"上单击鼠标右键，从弹出的快捷菜单中选择"给工程添加新的"，选择"Schematic"，如图 5-41 所示，也可以新建一个原理图文件。

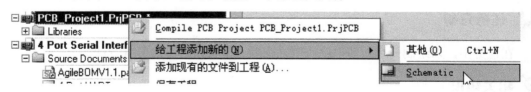

图 5-41　选择"Schematic"菜单选项

（3）执行上面的操作后，将会打开一个空白的"原理图编辑"窗口，工作区此时发生了一些变化，"主工具栏"中增加了一组新的"按钮"，出现了新的"工具栏"，并且"菜单"栏增加了新的"菜单"项。可以通过选择"文件"|"另存为"来将新原理图文件重命名（扩展名为*.SchDoc）。指定原理图保存的位置和名称后，单击"保存"按钮。

（4）选择主菜单中的"设计"|"文档选项"命令，在弹出的"文档选项"对话框中进行图纸设置。图纸保持默认设置，A4 图纸，水平放置，图纸格点为"10mil"，电气格点为

"10mil"。

> 📖 **注意:**
>
> 　　图纸格点和电气格点的值可以改变，当自己绘制的元件在图纸中连接引脚不能对齐时则需要改动这两种格点。

3．元件库的加载

1）元件库的位置

2N3904 晶体管和其他电阻、电容元件都位于 Miscellaneous Devices.IntLib 元件库，而连接插座位于 Miscellaneous Connectors.IntLib 元件库。首先需要加载元件库，否则将无法完成元件的放置。

2）加载元件库

加载元件库的方法如下:

（1）选择"设计" | "浏览库"命令。

（2）弹出如图 5-42 所示的"库"面板。

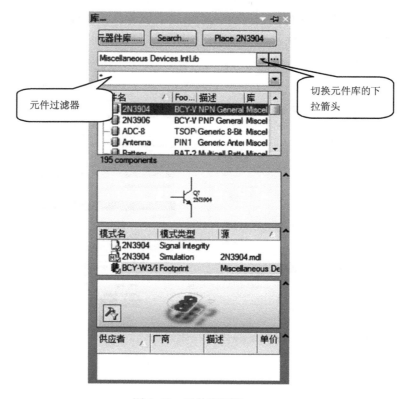

图 5-42　元件库面板

（3）在图 5-42 中单击"元器件库"按钮，弹出"可用库"对话框。

（4）单击"可用库"对话框中的"安装"按钮，从弹出的窗口中选择所需要的元件库 Miscellaneous Devices.IntLib，该元件库位于 Altium Designer 9.0 安装程序文件夹下 Library

下面，单击"打开"按钮，将回到"可用元件库"对话框。

（5）再单击"关闭"按钮，回到元件库面板。

 任务实施　原理图的绘制

4．任务实施1　元件的放置

在元件库加载后，可以将元件库中原理图所需要的元件放置在原理图图纸上，放置元件时可以直接在元件库中浏览选择放置，也可以通过搜索方法进行放置，电路图中的元件放置步骤如下：

1）放置三极管

（1）在原理图中首先要放置的元件是两个晶体管 Q1 和 Q2。Q1 和 Q2 是 BJT 晶体管，单击图 5-45 中的下拉箭头，使 Miscellaneous Devices.IntLib 元件库为当前库。

（2）在元件列表中单击 2N3904 选择它，然后单击"Place 2N3904"按钮。也可以双击 2N3904 元件名。光标将变成十字状，并且在光标上"悬浮"着一个晶体管的轮廓。现在处于元件放置状态。如果移动光标，晶体管轮廓也会随之移动。

（3）在原理图上放置元件之前，首先要编辑其属性。在晶体管悬浮在光标上时，按下"Tab"键，这时将打开"元件属性"对话框如图 5-43 所示。

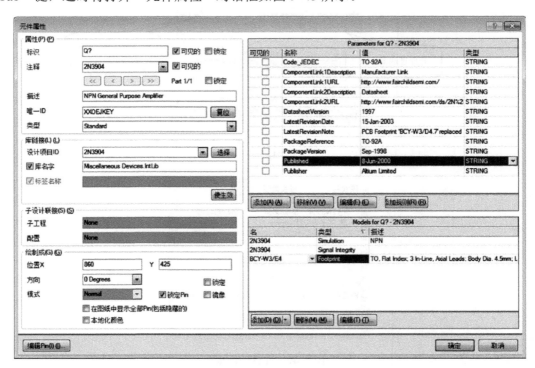

图 5-43　"元件属性"对话框

（4）在对话框"属性"单元，在"标识符"栏中输入 Q1 以将其值作为第一个元件序号。然后双击"Footprint"检查在 PCB 中该元件的封装。使用的是集成元件库，这些库已经包括了封装和电路仿真的模型，确认在模型列表中含有模型名 BCY-W3/D4.7，保留其余栏为默认值。

（5）移动光标（附有晶体管符号）到图纸中间偏左一点的位置。

（6）当你对晶体管的位置满意后，单击鼠标左键或按"Enter"键将晶体管放在原理图上。

（7）移动光标，晶体管已经放在原理图纸上了，而此时在光标上仍然悬浮着元件轮廓，Altium Designer 9.0 的这个功能让你放置许多相同型号的元件。现在让我们放置第二个晶体管。这个晶体管同前一个相同，因此在放之前没必要再编辑它的属性。在放置一系列元件时 Altium Designer 9.0 会自动增加元件的序号值。在这个例子中，我们放下的第二个晶体管会自动标记为 Q2。

> 📖 注意：
>
> 　　要将悬浮在光标上的晶体管翻过来，可以按空格键实现 0°、90°、270°、360° 的方向旋转，如果按"X"键可以使元件水平翻转，按"Y"键实现元件垂直方向旋转，单独实现元件说明文字的旋转也是这种方法。

（8）移动光标到 Q1 右边的位置。要将元件的位置放得更精确些，按"PageUp"键放大至能够看见栅格线，就可以准确定位元件位置。将元件的位置确定后，单击鼠标左键或按"Enter"键放下 Q2。拖动的晶体管再一次放在原理图上后，下一个晶体管会悬浮在光标上准备放置。

由于已经放完了所有的晶体管，单击鼠标右键或按"Esc"键来退出元件放置状态。光标会恢复到标准箭头。

2）放四个电阻（resistors）

（1）在 Libraries 面板中，确认 Miscellaneous Devices.IntLib 库为当前库。

（2）在元件列表中单击 RES1 以选择它，然后单击"Place RES1"按钮。将有一个悬浮在光标上的电阻符号。

（3）按"Tab"键编辑电阻的属性。在对话框的"属性"单元，在"标识符"栏中输入 R1 作为第一个元件序号。

（4）检查元件的封装，确认模型名为 AXIAL-0.3 包含在模型列表中。

（5）按空格键将电阻旋转 90°。将电阻放在 Q1 基极的上边，然后单击鼠标左键或按"Enter"键放下元件。接下来在 Q2 的基极上边放另一个 100k 电阻 R2。

（6）剩下两个电阻，R3 和 R4，阻值为 1k，按"Tab"键显示"元件属性"对话框，改变 Value 栏为 1k，在"Parameters"列表中当 Value 被选择后按 Edit 按钮改变，单击"确认"按钮关闭对话框。

（7）放完所有电阻后，单击鼠标右键或按"Esc"键退出元件放置模式。

3）放置两个电容（capacitors）

（1）电容元件也在 Miscellaneous Devices.IntLib 库里。

（2）在"元件库"面板的元件过滤器栏输入 cap。

（3）在元件列表中单击 CAP 选择它，然后单击"Place CAP"按钮，在光标上悬浮着一个电容符号。

（4）按"Tab"键编辑电容的属性。在对话框的"属性"单元，在"标识符"栏中输入

C1 作为第一个元件序号。

（4）检查元件的封装，确认模型名为 RAD-0.3 包含在模型列表中。

（5）改变 Value 栏为 20n，在"Parameters"列表中当 Value 被选择后按 Edit 按钮改变，单击"确认"按钮关闭对话框。

（6）用这种方法放置两个电容。

（7）放置完成后，单击鼠标右键或按"Esc"键退出放置模式。

4）放置的元件是连接器（connector）

（1）连接器在 Miscellaneous Connectors.IntLib 元件库里。

（2）想要的连接器是两个引脚的插座，所以设置过滤器为*2*。

（3）在元件列表中选择 HEADER2 并单击"Place HEADER2"按钮。按"Tab"编辑其属性并设置"标识符"为 Y1，检查 PCB 封装模型为 HDR1X2，单击"确认"按钮关闭对话框。

> 📖 **注意：**
>
> 在放置过程中可以按空格键或"X"键、"Y"键来切换元件的方向。确定位置后即可放下连接器。

（4）单击鼠标右键或按"Esc"键退出放置模式。

5）保存文件

从"文件"菜单里，选择"保存"按钮保存原理图。

> 📖 **注意：**
>
> 在 Figure 2 中的元件之间留有间隔，这样就有大量的空间用来将导线连接到每个元件引脚上。这很重要，因为不能将一根导线穿过一个引线的下面来连接在它的范围内的另一个引脚。如果这样做，两个引脚就都连接到导线上了。如果需要移动元件，按住鼠标左键并拖动元件体，拖动鼠标重新放置。

放置元件后的图纸如图 5-44 所示。

6）连接电路

导线在电路中的各种元件之间起建立连接的作用。要在原理图中连线，按照如下步骤进。

（1）确认你的原理图图纸有一个好的视图，从菜单选择"查看"|"显示全部对象"。

（2）首先用以下方法将电阻 R1 与晶体管 Q1 的基极连接起来。从菜单选择"放置"|"导线"或从 Wiring Tools（连线工具）工具栏单击 工具进入连线模式。光标将变为十字形状。

（3）将光标放在 R1 的下端。当放对位置时，一个红色的连接标记（大的叉标记）会出现在光标处，这表示光标在元件的一个电气连接点上。

（4）单击鼠标左键或按"Enter"键固定第一个导线点。移动光标会看见一根导线从光标处延伸到固定点。

（5）将光标移到 R1 的下边 Q1 的基极的水平位置上，单击鼠标左键或按"Enter"键在该点固定导线。在第一个和第二个固定点之间的导线就放好了。

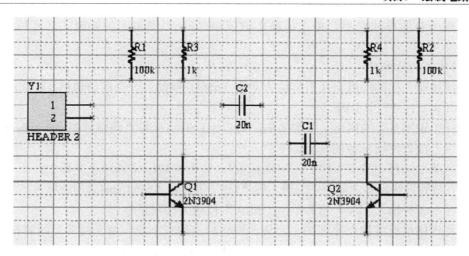

Figure 2. Schematic with all parts placed.

图 5-44　放置元件后的图纸

（6）将光标称到 Q1 的基极上，会看见光标变为一个红色连接标记。单击鼠标左键或按"Enter"键连接到 Q1 的基极。

（7）完成这部分导线的放置。注意光标仍然为十字形状，表示准备放置其他导线。要完全退出放置模式恢复箭头光标，应该再一次鼠标右键或按"Esc"键。

（8）现在要将 C1 连接到 Q1 和 R1。将光标放在 C1 左边的连接点上，单击鼠标左键或按"Enter"键开始新的连线。

（9）水平移动光标一直到 Q1 的基极与 R1 的连线上。一个连接标记将出现，单击鼠标左键或按"Enter"键放置导线段，然后单击鼠标右键或按"Esc"键结束导线的放置。注意两条导线是怎样自动连接上的。

然后参照图 5-45 连接电路中的剩余部分。

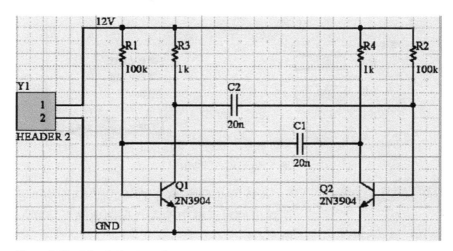

Figure 3. The fully wired schematic

图 5-45　振荡电路图

在完成所有的导线之后，单击鼠标右键或按"Esc"键退出放置模式。光标恢复为箭头形状。

7）网络与网络标签

彼此连接在一起的一组元件引脚称为网络（net）。例如，一个网络包括 Q1 的基极、R1 的一个引脚和 C1 的一个引脚。

在设计中识别重要的网络是很容易的，可以添加网络标签"网络标签 net labels"，在两个电源网络上放置网络标签的步骤如下：

（1）从菜单选择"放置"|"Net 网络标签"，一个虚线框将悬浮在光标上。

（2）在放置网络标签之前应先编辑，按"Tab"键显示"Net Label（网络标签）"对话框。

（3）在 Net 栏输入 12V，然后单击"确认"按钮关闭对话框。

（4）将该网络标签放在原理图上，使该网络标签的左下角与最上边的导线靠在一起。

（5）放完第一个网络标签后，仍然处于网络标签放置模式，在放第二个网络标签之前再按"Tab"键进行编辑。在 Net 栏输入 GND，单击"确认"按钮关闭对话框并放置网络标签。

（6）保存电路图。

5．任务实施 2　电路图的注释

（1）单击 ◻ 按钮，画出一个圆角矩形。

（2）单击 ▣ 按钮，按"Tab"键，弹出如图 5-46 所示的对话框。

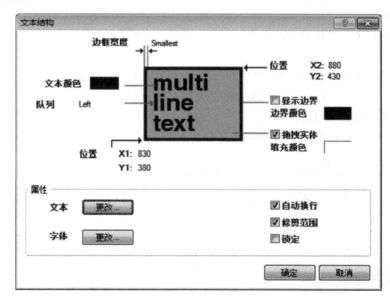

图 5-46　文字属性编辑

图 5-47　输入说明文字

（3）单击图 5-46 中的"文本"后面的"更改"按钮，在弹出的对话框中输入"振荡电路"字样，如图 5-47 所示。

到此为止，原理图的绘制基本完成，还可以在原理图上放置 ERC 检查点及 PCB 布线指示。

任务评价

在任务实施完成后，可以填写表 5-4，检测一下自己对本任务的掌握情况。

表 5-4 任务评价

任务名称			学时	2		
任务描述			任务分析			
实施方案			教师认可:			
问题记录	1.		处理方法	1.		
	2.			2.		
	3.			3.		
成果评价	评价项目	评价标准	学生自评（20%）	小组互评（30%）	教师评价（50%）	
	1.	1. （x%）				
	2.	2. （x%）				
	3.	3. （x%）				
	4.	4. （x%）				
	5.	5. （x%）				
	6.	6. （x%）				
教师评语	评 语:					
	成绩等级:			教师签字:		
小组信息	班 级		第 组	同组同学		
	组长签字		日 期			

项目自测题

1. 如何操作原理图元件库及如何搜索原理图库中的元件？
2. 如何在放置元件的过程中设置元件的属性及设置元件的放置方向？

3．如何对原理图视图进行操作？

4．原理图绘制中有哪些电路绘制工具及如何使用？

5．绘制如图 5-48 所示的电路图。

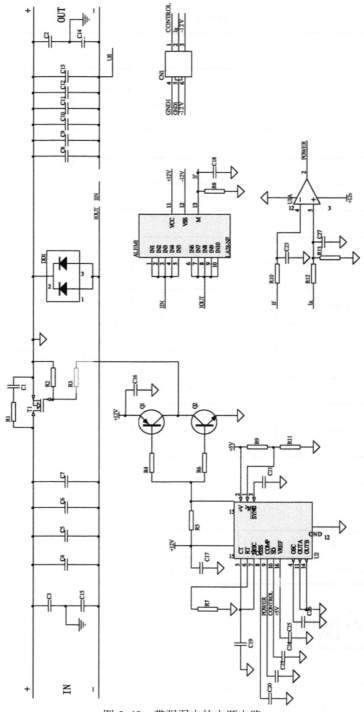

图 5-48　带强弱电的电源电路

项目 6

PCB 封装库文件及元件封装设计

项目描述

虽然 Altium Designer 9.0 提供了大量丰富的元件封装库，但是在实际绘制 PCB 文件的过程中还是会经常遇到所需元件封装在 Altium Designer 9.0 提供的封装库中找不到的情况。这时，设计人员就需要自己设计元件封装，根据元件实际的引脚排列、外形、尺寸大小等创建元件封装。

本项目将详细介绍如何进行封装库的创建、元件封装的设计、元件封装的管理及元件封装报表的生成等操作。

项目导学

通过本任务的学习，读者需要达到以下要求：

◆ 掌握 PCB 封装元件文件创建方法。

◆ 掌握手动绘制元件封装的技巧。

◆ 掌握通过向导绘制元件封装的技巧。

◆ 掌握手动修改向导绘制的元件封装的技巧。

◆ 掌握对 Altium Designer 9.0 集成 PCB 元件库的复制粘贴并编辑的技巧。

◆ 掌握元件封装的管理及元件封装报表的生成等操作。

任务 1　手工创建元件封装

任务分析

在绘制 PCB 文件的过程中有时不能在现有封装库中找到所需的元件封装，此时用户需要创建自己的封装库并且自己绘制元件封装。我们本任务将介绍手工绘制元件封装的方法。

相关知识

1．封装库文件

新建封装库文件的方法很简单，单击"工程管理"|"给工程添加新的"|"PCB Library"菜单，系统即在当前工程中新建一个 PcbLib 文件，如图 6-1 所示。也可通过"新建"|"库"|"PCB 元件库"菜单创建封装库文件。

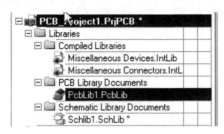

图 6-1　新建 PcbLib 文件

2．编辑工作环境介绍

打开 PCB 库文件，系统进入元件封装编辑器，该编辑工作环境与 PCB 编辑器环境类似，如图 6-2 所示。元件封装编辑器的左边是"PCB Library"面板，右边是作图区。

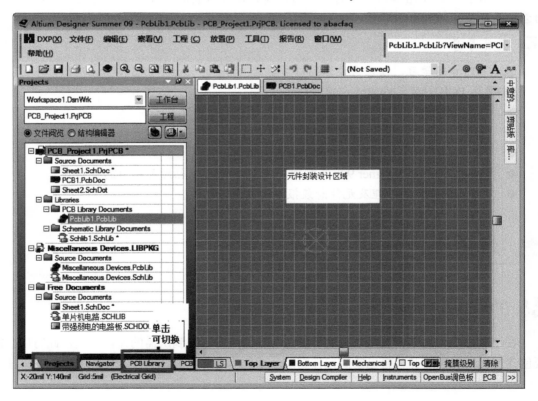

图 6-2　元件封装编辑器

任务实施　手工创建元件封装

元件封装由焊盘和图形两部分组成,这里以图6-3所示元件封装为例介绍手工创建元件封装的方法。

1)新建元件封装

在 PCB Library 面板中的"元件"列表栏内单击鼠标右键,系统弹出快捷菜单,单击"新建空元件"菜单即可新建一个空的元件封装,如图 6-4 所示。在"元件"列表栏双击该新建元件,系统弹出"PCB 库元件[mil]"对话框,用户可修改元件的名称、高度及注释信息,在此输入封装名称"8-5LED",如图 6-5 所示。

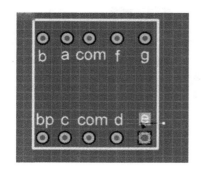

图 6-3　8-5LED 封装

图 6-4　元件列表中已经有了元件

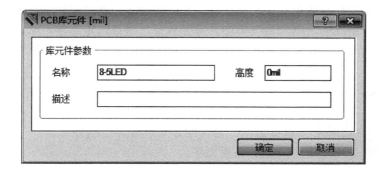

图 6-5　"PCB 库元件"对话框

2)放置焊盘

在绘图区依次放置元件的焊盘,这里共有 10 个焊盘需要放置,焊盘的排列和间距要与实际元件的引脚一致。双击焊盘弹出"焊盘属性设置"对话框，如图 6-6 所示。

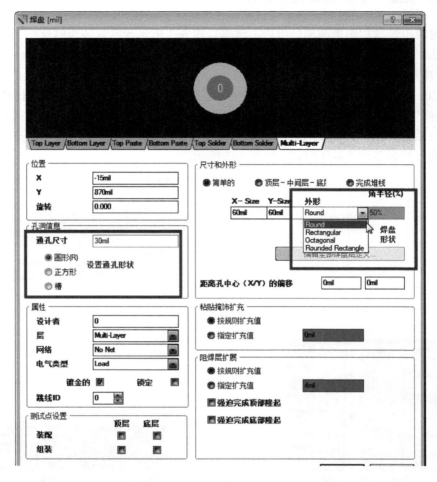

图 6-6 "焊盘属性设置"对话框

在焊盘位置和孔洞信息栏可以设置焊盘的孔径、中心的位置坐标和旋转角度。在"尺寸和外形"栏可以设置焊盘的形状、X 轴尺寸、Y 轴尺寸等。在"属性"栏可以设置焊盘的标识符、所在的层、所属的网络、电气类型、是否镀金、是否锁定。在"测试点设置"栏可以设置装配、组装的层次等。其中焊盘的标识符属性非常重要，焊盘的标识符要与原理图中元件的相应引脚保持一致。"粘贴掩饰扩充"栏和"阻焊层扩展"栏用于设置助焊膜和阻焊膜在焊盘周围的扩展程度。

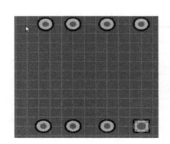

图 6-7 放置好的焊盘

放置好的焊盘如图 6-7 所示。要注意图 6-7 中右下角的焊盘是方形，要在图 6-6 设置焊盘的外形。

3）放置文字

单击主菜单中的"放置"｜"字符串"在 Top Layer 层来给上面的焊盘添加文字，按"Tab"键可以弹出"串[mil]"对话框，进行"文本"和"层"的设置，如图 6-8 所示。放置文本后的焊盘如图 6-9 所示。

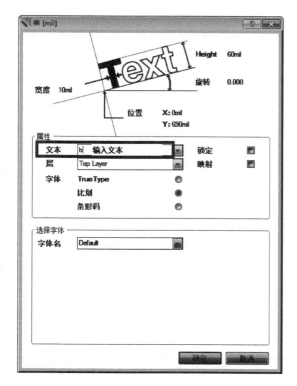

图 6-8 设置文本属性

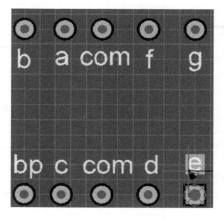

图 6-9 放置文本后的焊盘

4）绘制图形

在 Top Layer 层绘制元件的图形，绘制的图形需要参照元件的实际尺寸和外形。单击
"放置"｜"走线"菜单命令，来绘制焊盘的外形走线，绘制完成后的元件封装如图 6-10
所示。

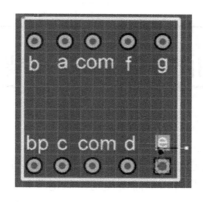

图 6-10 绘制好的 8-5LED 元件封装

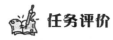 **任务评价**

在任务实施完成后，可以填写表 6-1，检测一下自己对本任务的掌握情况。

表 6-1　任务评价

任务名称			学时		2
任务描述			任务分析		
实施方案			教师认可：		
问题记录	1. 2. 3.		处理方法	1. 2. 3.	
成果评价	评价项目	评价标准	学生自评 （20%）	小组互评 （30%）	教师评价 （50%）
	1.	1.　　　（x%）			
	2.	2.　　　（x%）			
	3.	3.　　　（x%）			
	4.	4.　　　（x%）			
	5.	5.　　　（x%）			
	6.	6.　　　（x%）			
教师评语	评　　语： 成绩等级：			教师签字：	
小组信息	班　　级		第　组	同组同学	
	组长签字		日　　期		

任务 2　使用向导创建元件封装

任务分析

在任务 1 中介绍了手工创建元件封装的方法，在本任务中，我们将介绍使用向导来创建封装，因为电路图中有集成电路时，将需要使用集成电路封装，而向导可以创建很多集成电路的封装，并且集成元件库的封装也可以进行修改为自己的封装。

相关知识

使用向导创建封装，基本上是在“PCB 器件向导”对话框的一路单击过程中完成的。需要我们做的是定义焊盘的数量、焊盘的间距、焊盘的数目等。

任务实施 使用向导创始一个 DIP10 封装

（1）在 PCB Library 面板中的"元件"列表栏内单击鼠标右键，系统弹出快捷菜单，单击"组件向导"菜单，如图 6-11 所示。启动新建元件封装向导后，系统弹出"PCB 器件向导"对话框，如图 6-12 所示。

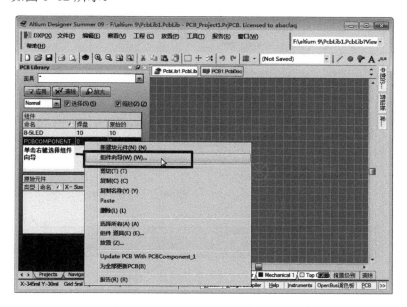

图 6-11 选择组件向导

图 6-12 "PCB 器件向导"对话框

（2）单击"下一步"按钮，进入"器件图案"对话框，从模式表中选择元件的封装类型，这里以双列直插（DIP）式封装为例，采用英制单位，如图 6-13 所示。

图 6-13 "模式和单位选择"对话框

（3）单击"下一步"按钮，进入定义焊盘尺寸对话框，设置焊盘高度和宽度，如图 6-14 所示。

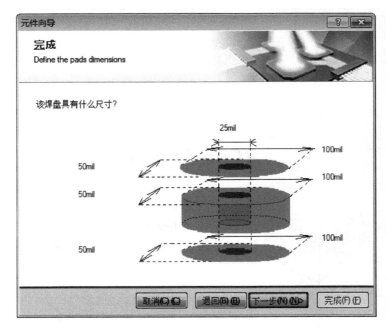

图 6-14 指定焊盘尺寸对话框

（4）单击"下一步"按钮，进入定义焊盘布局对话框，按照用户选择的封装模式设置焊盘之间的间距，如图 6-15 所示。

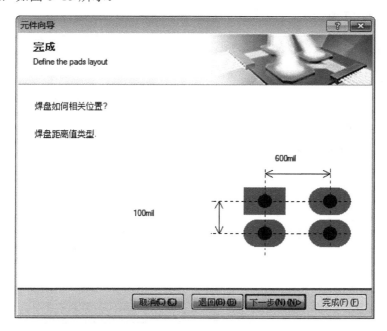

图 6-15　焊盘间距设置对话框

（5）单击"下一步"按钮，进入定义外框宽度对话框，设置用于绘制封装图形的轮廓线的宽度，如图 6-16 所示。

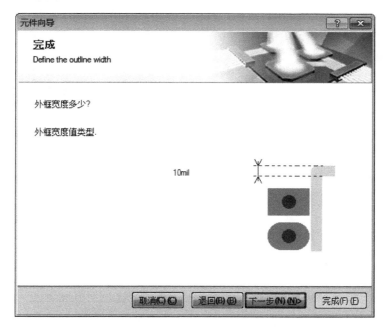

图 6-16　指定外框线宽度对话框

（6）单击"下一步"按钮，进入设定焊盘数量对话框，指定元件封装的焊盘数，不同的封装模式焊盘数有不同的限制，例如 DIP10 封装的焊盘左右各 5 个共 10 个，同时焊盘必须成对出现，如图 6-17 所示。

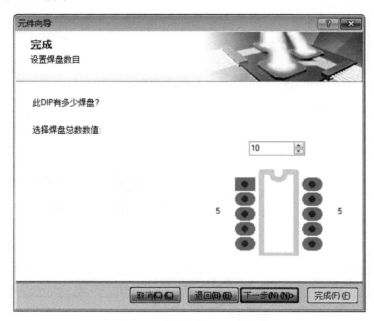

图 6-17　指定焊盘数对话框

（7）单击"下一步"按钮，进入指定封装名称对话框，输入元件封装的名称如 DIP10，如图 6-18 所示。

图 6-18　指定封装名称对话框

（8）单击"下一步"按钮，进入元件封装向导完成对话框。

（9）单击"完成"按钮完成元件封装的创建，创建好的元件封装如图6-19所示。

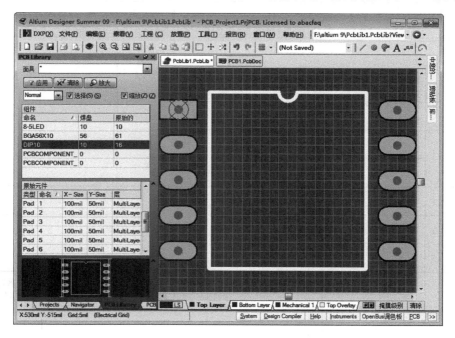

图6-19 创建好的DIP10封装

这里值得注意的是，在绘制元件封装时，封装轮廓和焊盘的位置应尽量靠近绘图区的坐标原点，一般将第一个（通常标识符为 1 的）焊盘放置在原点上。因为该坐标原点既是元件封装的参考点，在 PCB 文件中放置封装时是以该参考点确定光标的位置，如果封装轮廓和焊盘的位置离参考点较远，则在 PCB 文件中放置元件封装时封装就不在光标附近。

> 📖 **注意：**
> 对于向导绘制的元件封装可能不适合的电路需要则可以手动更改焊盘的形状、大小、导线的距离、方向等。
> 另外，还可以如项目 4 制作原理图元件库那样，将 Altium Designer 9.0 集成的 PCB 封装库元件复制到自己建立的 PCB Library（PCB 封装库）中进行修改编辑，如可以将一个三极管的封装复制到自己的 PCB 库中将其修改为电位器的封装，然后保存为自己的元件库，这样可以省去许多工作量，提高工作效率，复制粘贴的操作步骤可以参考项目 4 中元件修改的相关内容，只是要注意打开的 PCB 下的库文件。

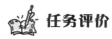 **任务评价**

在任务实施完成后，可以填写表6-2，检测一下自己对本任务的掌握情况。

表6-2 任务评价

任务名称			学时	2
任务描述			任务分析	
实施方案			教师认可：	
问题记录	1. 2. 3.		处理方法	1. 2. 3.

	评价项目	评价标准	学生自评（20%）	小组互评（30%）	教师评价（50%）
成果评价	1.	1. （x%）			
	2.	2. （x%）			
	3.	3. （x%）			
	4.	4. （x%）			
	5.	5. （x%）			
	6.	6. （x%）			

教师评语	评　　语： 成绩等级：　　　　　　　　　　　　　　　　　　　　　　　教师签字：

小组信息	班　　级		第　组	同组同学	
	组长签字		日　期		

项目自测题

1．如何创建元件封装库？如何从 PCB 文件创建元件封装库？

2．如何用修改后的元件封装替换 PCB 文件中的元件封装？

3．如何创建元件封装报表和封装库文件报表？

4．如何进行元件封装规则检查？

5．如何剪切、复制、粘贴、删除封装库中的元件封装？

6．绘制如图 6-20 所示的封装。

图 6-20　元件的封装

PCB 自动设计及手动设计

 **项目描述**

本项目详细介绍如何设计 PCB，PCB 的设计可以有自动和手动两种方法。PCB 的自动布线可以大大减轻设计人员的工作量，在自动设计 PCB 的过程中应着重掌握加载网络表文件的方法和如何设置布线规则等。尽管 Altium Designer 9.0 自动布线的功能非常强大，但通常都需要对自动设计的 PCB 进行手动调整，因此掌握 PCB 的手动设计方法依然很重要。在手动设计 PCB 的过程中，需要掌握手动布局和手动布线等关键步骤的方法与技巧。此外，本项目还详细介绍了 PCB 编辑器参数的设置、电路板板框的设置、对象的编辑、添加泪滴及敷铜等操作。

项目导学

本项目详细介绍了 PCB 设计的步骤，在前面的 6 个项目中介绍了原理图的设计和 PCB 元件封装的设计。在本项目中将介绍 PCB 的设计。读者要掌握以下内容。

（1）掌握 PCB 文件的建立。

（2）掌握 PCB 编辑参数设置的方法。

（3）掌握电路板板框设置的方法。

（4）掌握 PCB 规则的设置方法。

（5）掌握 PCB 添加泪滴及敷铜的方法。

任务 1 了解 PCB 自动设计的步骤

任务分析

工程师完成电路原理图的设计后，需要将原理图转换成相应的印制电路板图，Altium Designer 9.0 提供了自动布线的功能，能大大减轻工程师们的工作量。本任务让读者了解

PCB 设计的步骤。

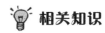
相关知识

PCB 的自动设计需要经过六个步骤：

（1）准备原理图：在设计 PCB 电路板前，一般应先画好原理图。

（2）新建 PCB 电路板：新建一个 PCB 电路板设计文件，在 PCB 电路板设计环境下绘制电路板框，如图 7-1 所示，板框是电路板的电气边界，一定要在 Keep Out 层上绘制，有时需在机械层上再绘制一个电路板的物理边界，物理边界通常在电气边界之外。

（3）载入网络表：在原理图设计环境中，选择"设计"|"Update PCB Document"菜单载入网络表文件，单击"执行更改"按钮如果出现"Footprint not found in Library"错误，就会出现一些红色的叉，如图 7-2 所示。说明相应的元件封装库没有装入，如果没有错误，则再单击"生效更改"按钮。

图 7-1　绘制电路板框

图 7-2　"载入网络表"对话框

📖 **注意：**

如图 7-2 所示只是我们的一个示意图。

（4）设置布线规则：选择"设计"|"规则"菜单设置电路板的布线规则，如图 7-3 所示。详细的规则设置在后面部分进行介绍。

（5）元件布局：载入网络表以后需要我们对所有元件进行重新布局，可以采用手动方式布局，也可采用自动布局，布局后的电路板如图 7-4 所示。

（6）自动布线及敷铜：选择"自动布线"|"全部"菜单即可对整个电路板进行自动布线，然后进行敷铜，如图 7-5 所示为自动布线的结果。详细的操作后面会介绍。

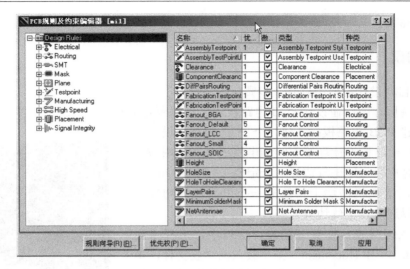

图 7-3 "设置布线规则"对话框

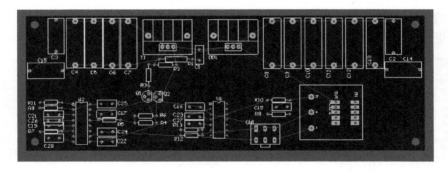

图 7-4 布局后的电路板

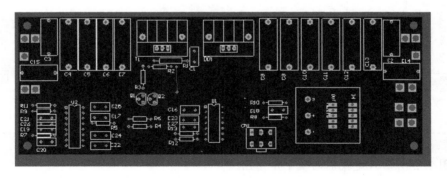

图 7-5 自动布线及敷铜的结果

 任务实施 了解 PCB 的设计流程

在前面介绍的基础上，自己绘制 PCB 设计的流程框图。此时需要了解这 6 个步骤中，需要完成哪些内容，做哪些工作。

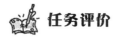 **任务评价**

在任务实施完成后，读者可以填写表 7-1，检测一下自己对本任务的掌握情况。

表 7-1 任务评价

任务名称				学时		2		
任务描述				任务分析				
实施方案				教师认可：				
问题记录	1. 2. 3.			处理方法		1. 2. 3.		
成果评价	评价项目		评价标准		学生自评（20%）	小组互评（30%）	教师评价（50%）	
	1.		1.　　　　（x%）					
	2.		2.　　　　（x%）					
	3.		3.　　　　（x%）					
	4.		4.　　　　（x%）					
	5.		5.　　　　（x%）					
	6.		6.　　　　（x%）					
教师评语	评　语： 成绩等级：					教师签字：		
小组信息	班　级		第　组	同组同学				
	组长签字			日　期				

任务 2　PCB 印制电路板自动布局操作

任务分析

加载网络表之后需要对元件封装进行布局，布局就是在 PCB 板内合理的排列各元件封装，使整个电路板看起来美观、紧凑，同时要有利于布线，Altium Designer 9.0 提供了强大的自动布局功能。在本任务中将介绍自动布局的方法。

相关知识

1. 元件自动布局的方法

以图 7-4 所示的 PCB 为例，单击"工具"|"器件布局"|"自动布局…"命令，系统弹出"自动放置"对话框，如图 7-6 所示。在对话框中有两种自动布局方式。

图 7-6 "自动放置"对话框

成群的放置项：这种方式采用基于组的自动布局器，根据连接关系将元件分成组，然后以几何方式放置元件组。适用于元件数较少的 PCB 图。

统计的放置项：这种方式采用基于统计的自动布局器，以最小连接长度放置元件。此方式使用统计型算法，适用于元件数较多（大于 100 个元件）的 PCB 图。

系统默认采用成群的放置项方式，在这种方式下如果选中"快速元件放置"复选框，系统将加快元件自动布局的速度，如果不选中该复选框，自动布局的速度会慢些，但布局效果将更好。

如果选择"统计的放置项"，对话框将变成如图 7-7 所示。

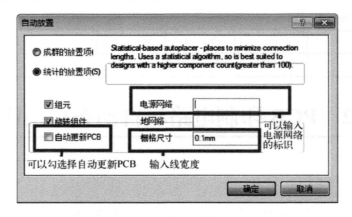

图 7-7 统计的放置项

"组元"复选框：选中该复选框将允许布局器在布局时对元件进行分组，以组为单位进行布局。

"旋转组件"复选框：选中该复选框将允许布局器在布局时对元件进行旋转以达到最佳效果，一般应选中该复选框。

"自动更新 PCB"复选框：选中该复选框将允许布局器在自动布局完成后自动更新 PCB图，一般应选中该复选框。

"电源网络"与"地网络"文本框：这两个文本框用于告诉自动布局器电源网络和接地网络的名称。在 PCB 设计中电源线和接地线通常会采取一些特殊处理，例如接地线通常放置在 PCB 的四周。设置这两个文本框可以使布局更合理，同时还可加快布局速度。

"栅格尺寸"文本框：该文本框用于设置自动布局时网格的大小，默认为 20mil。

在此采用统计的放置项布局时，选中所有的 3 个复选框，设置好电源网络、接地网络及网格尺寸，单击"确定"按钮开始自动布局。自动布局完成后会自动更新 PCB 图，完成自动布局后的 PCB 图如前面的图 7-4 所示。

2．停止自动布局

在选择"成群的放置项"自动布局的过程中，要停止自动布局可单击"工具"|"器件布局"|"停止自动布局器"菜单，系统弹出停止自动布局确认对话框，如图 7-8 所示。

选中"恢复元件回到旧位置"复选框后单击"是"按钮，则可将元件位置恢复到自动布局前的效果。

3．推挤式自动布局

推挤式自动布局并不是对整体进行布局，而是将元件按照一定的算法向四周推挤开，使元件分散排列。假

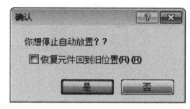

图 7-8　停止自动布局确认对话框

如执行自动布局后，元件都堆叠在一起，此时可以用推挤式自动布局将各元件分散开。

在执行推挤式自动布局前要先设置推挤深度，单击"工具"|"器件布局"|"设置推挤深度…"菜单，系统弹出"推挤深度"对话框。在此将推挤深度设为 3，单击"确定"按钮关闭该对话框。然后单击"工具"|"器件布局"|"挤推"菜单，光标变成十字型，选择一个元件作为推挤的基准元件，则以该元件为中心进行推挤式自动布局。

 任务实施　PCB 的自动布局操作

我们以某个电路图为例来说明一下。

（1）电路原理图如图 7-9 所示。

（2）新建一个 PCB 文件，保存在这个原理图所在的工程文件中。由于原来已经有了一个 PCB 文件，新建的 PCB 文件自动命名为 PCB2.PcbDoc。然后，可以设置 PCB 的布局布线区域。

（3）打开原理图选择"设计"｜"Update PCB Document PCB2.PcbDoc"选项，如图 7-10 所示。

（4）出现"工程更改顺序"对话框，如图 7-11 所示。

（5）在图 7-11 中，单击"生效更改"和"执行更改"按钮，"工程更改顺序"对话框发生了变化，如图 7-12 所示。

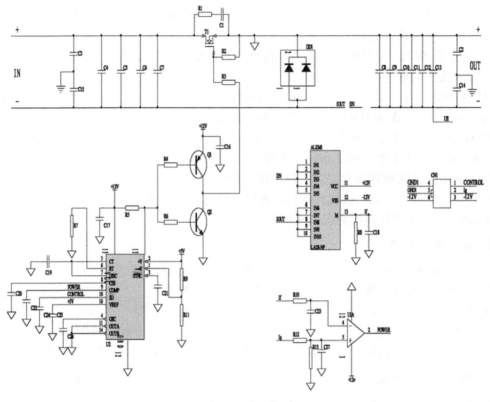

图 7-9　电路原理图

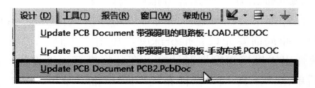

图 7-10　选择更新 PCB

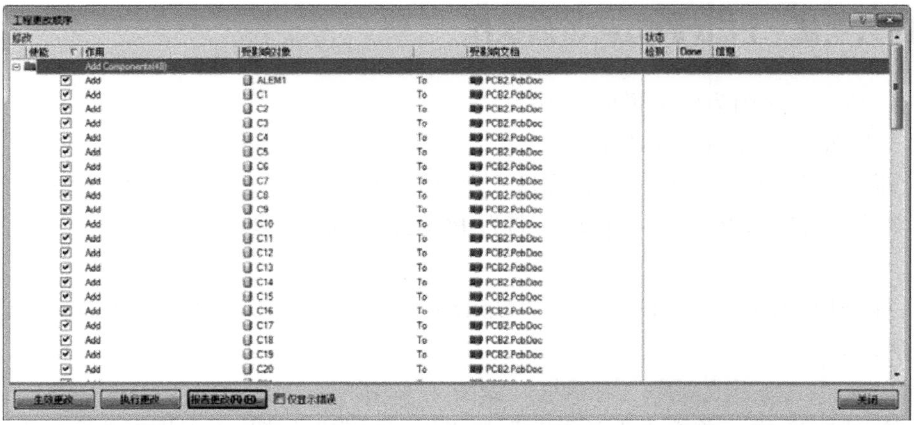

图 7-11　"工程更改顺序"对话框

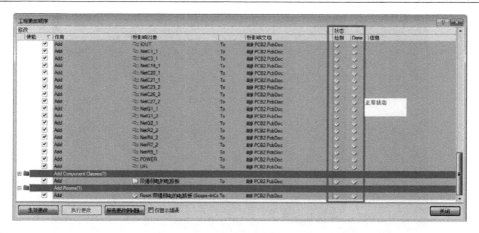

图 7-12　"工程更改顺序"对话框

（6）此时，PCB 文件中已经导入了元件符号，如图 7-13 所示。

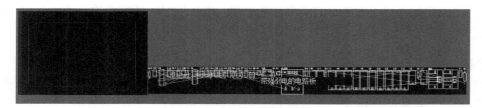

图 7-13　导入了 PCB 元件后的 PCB 窗口

（7）将 PCB 布局框外面的元件全部选择后，拖动到 PCB 布局框内，如图 7-14 所示。

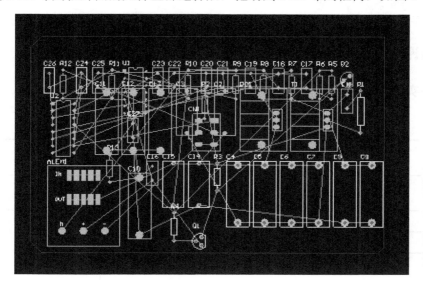

图 7-14　拖动 PCB 元件

（8）执行自动布局。按我们前面介绍的几种自动布局方式进行操作。自动布局后的结果如图 7-15 所示。

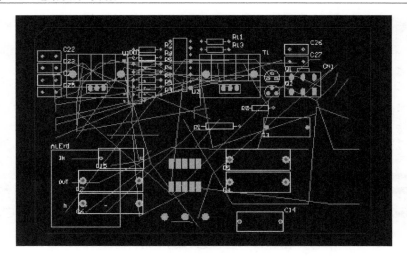

图 7-15　自动布局的 PCB 元件图

图 7-15 实际上并不完美，需要多自动布局几次，同时，还需要进行手动布局，即手动调整元件的位置。

> 📖 **注意：**
>
> 自动布局通常难以达到理想的布局效果，因此在自动布局后往往需要对 PCB 进行手动布局调整。如果元件比较少，则可以直接用鼠标拖动到 PCB 的图纸中，如果元件较多，则可以通过一些菜单命令来操作。一般情况下，自动布局的元件会有些重叠，则需要通过手动来调整，这个手动布局是需要经验的，要考虑 PCB 板的美观，连接线的方便，还有信号干扰小等因素。

✎ 任务评价

在任务实施完成后，可以填写表 7-2，检测一下自己对本任务的掌握情况。

表 7-2　任务评价

任务 名称			学时	2
任务 描述			任务 分析	
实施 方案			教师认可：	
问题 记录	1. 2. 3.		处理 方法	1. 2. 3.

续表

评价项目	评价标准	学生自评（20%）	小组互评（30%）	教师评价（50%）
成果评价 1.	1.　　（x%）			
2.	2.　　（x%）			
3.	3.　　（x%）			
4.	4.　　（x%）			
5.	5.　　（x%）			
6.	6.　　（x%）			

教师评语	评　　语： 成绩等级：			教师签字：

小组信息	班　　级		第　　组	同组同学	
	组长签字			日　　期	

任务3　PCB 元件的自动布线和手动布线

📋 任务分析

PCB 自动布局及手动调整布局完成以后就可以着手对 PCB 板进行自动布线了，PCB 自动布线，也可以通过 PCB 窗口菜单中的命令来实现，同时，在开始自动布线之前要先设置好布线的规则。不然，布线是不能进行的。

相关知识

1. 设置自动布线规则

为了使自动布线的结果能符合各种电气规则和用户的要求，Altium Designer 9.0 提供了丰富的布线规则供用户设置，布线规则的设置是否合理将决定自动布线的结果。

单击"设计"|"规则..."菜单，系统弹出"PCB 规则及约束编辑器"对话框，如图 7-16 所示。

在"PCB 规则及约束编辑器"对话框里包括 Electrical（电气）、Routing（布线）、SMT（表贴技术）、Mask（阻焊层）、Plane（电源层）、Testpoint（测试点）、Manufacturing（制造）、High Speed（高频）、Placement（布局）和 Signal Integrity（信号完整性）等十大类规则，在每大类规则里又包含若干项具体的规则。在该对话框的左边树状列表框中将所有规则分成十个大类，每个大类下又有若干子类，每个子类下包含若干个具体的规则条目。

在每条具体的规则条目里都包含规则的名称、注释、唯一 ID、第一匹配对象的位置、第二匹配对象的位置（有的规则没有第二对象）和约束条件等栏目。

系统会自动对新建的规则命名，用户可以在名称栏修改规则的名称，注释栏用于设置注释信息，唯一 ID 栏一般不用修改，系统会自动对新规则生成一个唯一的 ID 号。

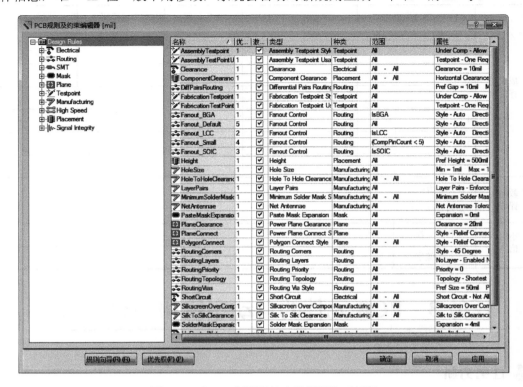

图 7-16 "PCB 规则及约束编辑器"对话框

第一匹配对象的位置和第二匹配对象的位置栏用于设置规则适用的对象范围，范围包括"所有的、网络、网络类、层、网络和层、高级（查询）"，用户可以在这六个单选框里任选一个。选中"所有的"单选框表示对象的范围是 PCB 中的所有对象，选中"网络"单选框表示对象的范围是某一网络，选中"网络类"单选框表示对象的范围是某一网络类，选中"层"单选框表示对象的范围是某一层上的所有对象，选中"网络和层"单选框表示对象的范围是某一网络和某一层上的所有对象，选中"高级（查询）"单选框表示对象的范围由右边的"询问助手"和"询问构建器"确定，右边的两个文本框分别用于选择网络、网络类和层。有些规则只需要指定一个适用的对象范围，因此第二匹配对象的位置栏并不是每条规则都有。

通常每条规则都有一定的约束条件，而且每条规则的约束条件都不相同，约束条件在对话框右边的底部，通常包含一些可供用户设置的约束条件和示意图。

2．新建布线规则

在设置时一般保持默认值就差不多了，一般设置得较多的是 Routing（布线）规则这一项。下面举一个新增布线的规则来说明。

在某个子类上单击鼠标右键，系统弹出如图 7-17 所示的右键菜单。单击"新规则"菜单即可在该子类下添加一条规则，如图 7-18 所示。同时会出现规则设置对话框，如图 7-19 所示。"删除规则"菜单用于删除一条规则。

图 7-17　右键菜单

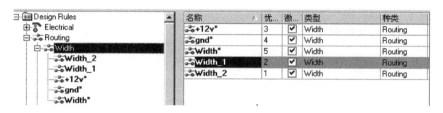

图 7-18　添加规则

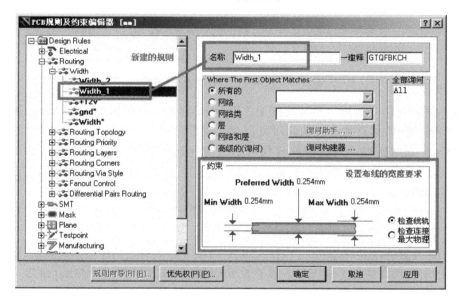

图 7-19　规则设置对话框

 任务实施　PCB 布线

3. 任务实施 1　元件的自动布线

设置好与布线有关的规则以后就可以开始自动布线了。单击"自动布线"菜单,该菜单不仅可以对整个 PCB 进行自动布线,还可以对指定的网络、网络类、Room 空间、元件及元件类等进行单独的布线。

1)全部

单击"自动布线"|"全部..."命令,系统将弹出"Situs 布线策略"对话框,如图 7-20 所示。

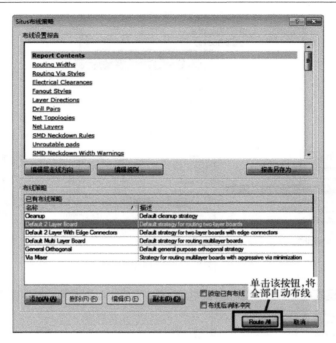

图 7-20 "Situs 布线策略"对话框

单击"编辑规则"按钮，系统将弹出"PCB 规则及约束编辑器"对话框供用户修改布线规则，单击"报告另存为"按钮将可以保存布线设置报告。

在"Situs 布线策略"对话框的布线策略栏的列表框中列出了 6 个默认的可选布线策略，用户可以复制这 6 个策略但不能编辑和删除它们，用户可以添加、编辑、删除、复制自定义的布线策略。

如果选中图 7-20"Situs 布线策略"对话框中的"锁定已有布线"复选框，则在自动布线前手动放置的导线将不会被自动布线器重新布线。

设置并选择好布线策略以后，单击"Situs 布线策略"对话框中的 Route All 按钮即可开始对 PCB 上的所有对象进行自动布线。在自动布线过程中，系统将在 Messages 窗口里显示当前自动布线的进展，如图 7-21 所示。

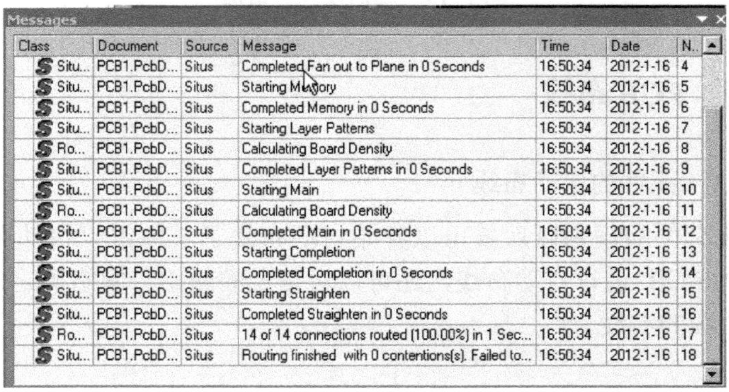

图 7-21 Messages 窗口

当 Messages 窗口中显示布线操作已完成 100%时，表明布线已全部完成。

> 📖 **注意：**
> 有些复杂电路自动布线不能全部布通，此时 PCB 上会留有一些飞线，说明自动布线器无法完成这些连接，需要用户手动完成这些布线。

2）网络

"自动布线"|"网络"菜单用于对某个网络进行单独布线。单击该菜单，此时光标将变成十字形状，用鼠标左键单击任何一条飞线或焊盘，自动布线器将对该飞线或焊盘所在的网络进行自动布线。此时系统仍处于对网络布线的状态，用户可以继续对其他的网络进行布线，单击鼠标右键或按下"Esc"键可退出该状态。

3）网络类

"自动布线"|"网络类"菜单用于对指定的网络类进行自动布线。单击该菜单，系统将弹出一个对话框供用户选择要进行布线的网络类，选定网络类后系统将对该网络类进行自动布线。

4）连接

"自动布线"|"连接"菜单用于对指定连接进行单独布线，连接在 PCB 中用飞线表示，该命令仅对选定的飞线进行布线而不是飞线所在的网络。单击该菜单，此时光标将变成十字形状，用鼠标左键单击任何一条飞线或焊盘，自动布线器将对该飞线进行自动布线。此时系统仍处于布线状态，用户可以继续对其他的连接进行布线，单击鼠标右键或按下"Esc"键可退出该状态。

5）区域

"自动布线"|"区域"菜单用于对指定区域内的所有网络进行自动布线。单击该菜单，此时光标将变成十字形状，在 PCB 中确定一个矩形区域，此时系统将对该区域内的所有网络进行自动布线。

6）Room 空间

"自动布线"|"Room"菜单用于对指定 Room 空间内的所有网络进行自动布线。单击该菜单，此时光标将变成十字形状，在 PCB 中选择一个 Room 单击鼠标左键，系统将对该 Room 空间内的所有网络进行自动布线。

7）元件

"自动布线"|"元件"菜单用于对与某个元件相连的所有网络进行自动布线。单击该菜单，此时光标将变成十字形状，用鼠标左键单击任何一个元件，自动布线器将对与该元件相连的所有网络进行自动布线。

8）器件类

"自动布线"|"器件类"菜单用于对与某个元件类中的所有元件相连的全部网络进行自动布线。单击该菜单，系统将弹出一个对话框供用户选择要进行布线的元件类，选定元件类后系统将对与该元件类中的所有元件相连的全部网络进行自动布线。

9）在选择的元件上连接

"自动布线"|"选中对象的连接"菜单用于对与选定元件相连的所有飞线进行自动布

线。选定元件后单击该菜单，系统将对与该元件相连的所有飞线进行自动布线。

10）在选择的元件之间连接

"自动布线"|"选择对象之间的连接"菜单用于对所选元件相互之间的飞线进行自动布线。选定元件后单击该菜单，系统将对所选元件相互之间的飞线进行自动布线。

11）扇出

"自动布线"|"扇出"菜单用于对所选对象进行扇出布线，该操作需要设置 Fanout Control 规则。该操作将对复杂的高密度 PCB 设计的自动布线非常有用。

12）设定

"自动布线"|"设置"菜单用于设置布线规则和布线策略。

13）停止

单击"自动布线"|"停止"菜单将停止当前的自动布线操作。

14）重置

单击"自动布线"|"复位"菜单将重新开始自动布线操作。

15）Pause（暂停）

单击"自动布线"|"设定"菜单将暂停当前的自动布线操作。

4. 任务实施 2　PCB 元件的手动布线

对 PCB 进行布线是个复杂过程，需要考虑多方面的因素，包括美观、散热、干扰、是否便于安装和焊接等。而基于一定算法的自动布线往往难以达到最佳效果，这时便需要借助手动布线的方法加以调整。

图 7-22　"取消布线"菜单

1）拆除不合理的自动布线

对于自动布线结果中不合理的布线可以直接删除，也可以通过"工具"|"取消布线"菜单来拆除，如图 7-22 所示。这些菜单分别用来取消全部对象、指定的网络、连接、元件和 Room 空间的布线，被取消布线的连接又重新用飞线表示，如图 7-23 所示。

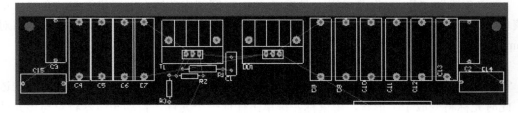

图 7-23　取消布线后的连接

2）添加导线及属性设置

用手动添加导线的方法对被拆除的导线进行重新布线。单击工具栏的 按钮即可进入添加导线的命令状态，在放置导线之前首先要选中准备放置导线的信号层，例如选中 Bottom 层。在添加导线的命令状态下光标呈现十字形状，在任意点单击鼠标左键放置导线的起点，如图 7-24 所示。连续多次单击鼠标左键可以确定导线的不同段，一根导线布线完成后单击鼠标右键即可，要退出添加导线的命令状态可以再次单击鼠标右键或按下"Esc"键。

手工布线的导线有 5 种转角模式: 45°转角、90°转角、45°弧形转角、90°弧形转角和任意角度转角。在放置导线的起点以后, 可以通过 Shift+Space 组合键在这 5 种模式间切换, 另外, 还可以按下 Space 键选择布线是以转角开始还是以转角结束。

在手动布线时有时可能需要切换导线所在的信号层, 在放置导线的起点以后按键盘上数字区的 *、+ 和–键可以切换当前所绘导线所在的信号层。在切换的过程中, 系统自动在上下层的导线连接处放置过孔。

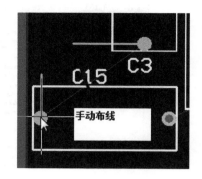

图 7-24 放置导线的起点

5. 任务实施 3 布线结果的检查

在所有的布线完成以后可以通过 DRC(设计规则检查)对布线的结果进行检查, DRC 检查可以检查出 PCB 中是否有违反设计规则的布线。单击"工具"|"设计规则检测…"菜单即可启动"设计规则检测"对话框, 如图 7-25 所示。

图 7-25 "设计规则检测"对话框

单击"运行 DRC"按钮将启动批处理 DRC 检查, 检查结果将会显示在 Messages 窗口和 DRC 报告文件中。

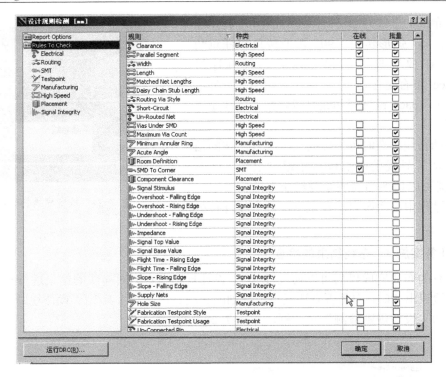

图 7-26　Rules To Check 项

 任务实施　PCB 的自动布线和手动布线

以任务 2 中介绍的原理图和 PCB 文件来继续操作。

（1）将图 7-15 进行手动布局调整，调整到如图 7-27 所示的样子。

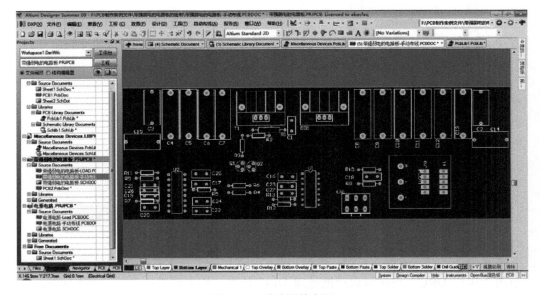

图 7-27　手动调整布局

（2）布线规则的建立。

（3）进行自动布线。自动布线的结果如图 7-28 所示。

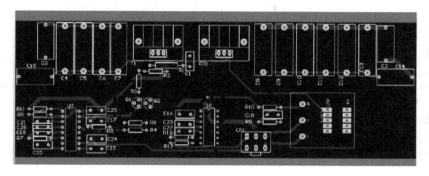

图 7-28　自动布线结果

我们可以看到图 7-28 的结果中，有些线还是飞线，并且布线的走向不是很合理，因此需要我们来手动调整，一个是调整线宽，一个是调整走向。调整过程不是一下子完成的，要慢慢调整。

（4）调整后的手动布线如图 7-29 所示。这是图 7-28 下半部分调整后的示意图。

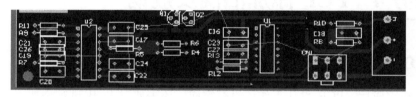

图 7-29　手动布线结果

任务评价

在任务实施完成后，可以填写表 7-3，检测一下自己对本任务的掌握情况。

表 7-3　任务评价

任务名称		学时	2
任务描述		任务分析	
实施方案		教师认可：	
问题记录	1. 2. 3.	处理方法	1. 2. 3.

续表

	评价项目	评价标准	学生自评 （20%）	小组互评 （30%）	教师评价 （50%）
成果 评价	1.	1.　　　　（x%）			
	2.	2.　　　　（x%）			
	3.	3.　　　　（x%）			
	4.	4.　　　　（x%）			
	5.	5.　　　　（x%）			
	6.	6.　　　　（x%）			
教师 评语	评　　语： 成绩等级：				教师签字：
小组 信息	班　　级		第　　组	同组同学	
	组长签字		日　　期		

任务 4　PCB 添加泪滴及敷铜

任务分析

PCB 布线完成后，PCB 设计工作还没有完成，还需要对 PCB 进行添加泪滴及敷铜，因为 PCB 直接布线后，导线与焊盘的接头比较脆弱，如果拿出来加工制板，焊盘处容易断线，同时，对于 PCB 还要注意抗干扰，因此，需要通过敷铜来增加接地。

本任务对添加泪滴及敷铜进行介绍。

相关知识

1．添加泪滴

添加泪滴是指在导线与焊盘/过孔的连接处添加一段过渡铜箔，过渡铜箔呈现泪滴状。泪滴的作用是增加焊盘/过孔的机械强度，避免应力集中在导线与焊盘/过孔的连接处，而使连接处断裂或焊盘/过孔脱落。高密度的 PCB 由于导线的密度高、线径细，在钻孔等加工过程中容易造成焊盘/过孔的铜箔脱落或连接处的导线断裂。添加泪滴的方法如下。

图 7-30　"泪滴选项"对话框

单击"工具"|"滴泪…"菜单，系统弹出"泪滴选项"对话框，如图 7-30 所示。

"全部焊盘"复选框：对 PCB 中所有焊盘添加泪滴。

"全部过孔"复选框：对 PCB 中所有过孔添加泪滴。

"仅选择对象"复选框：只对此前已选中的焊盘/过孔添加泪滴。

"强迫泪滴"复选框：强制对所有焊盘/过孔添加泪滴。

"创建报告"复选框：添加泪滴后生成报告文件。

"行为"单选按钮：选择是进行添加泪滴还是删除泪滴。

"泪滴类型"单选按钮：选择采用圆弧形导线构成泪滴还是采用直线形导线构成泪滴。

单击"确定"按钮对焊盘/过孔添加泪滴，添加泪滴前后的焊盘如图 7-31 所示。

图 7-31　添加泪滴前后的焊盘对比

> 📖 **注意：**
> 我们添加泪滴的原因，一是为了图纸的焊盘看起来较为美观，二是因为在制作 PCB 时有个泪滴，在钻孔时不会将焊盘损坏。

2．添加敷铜

网格状填充区又称敷铜，敷铜就是将电路板中空白的地方铺满铜箔，添加敷铜不仅仅是为了好看，最主要的目的是提高电路板的抗干扰能力，起到屏蔽外界干扰的效果，通常将敷铜接地，这样电路板中空白的地方就铺满了接地的铜箔，如图 7-32 所示。

图 7-32　电路板中的敷铜

单击"放置"|"多边形敷铜"菜单或工具栏中的▦按钮，系统弹出"多边形敷铜"对话框，如图 7-33 所示。

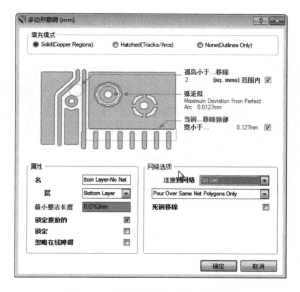

图 7-33　"多边形敷铜"对话框

"填充模式"栏用于选择敷铜的填充模式，共有 3 种填充模式：第一种实心填充（铜区）、第二种影线化填充（导线/弧）及无填充（只有边框），一般选择"影线化填充（导线/弧）"。

选择影线化填充后对话框的中间将显示影线化填充的具体参数设置，包括"导线宽度"、"网格尺寸"、"围绕焊盘的形状"及"影线化填充模式"等，一般保持默认即可。

在"属性"栏可以设置敷铜所在的层、最小图元长度及是否锁定图元等。"网络选项"栏的"连接到网络"下拉列表用于设置敷铜所要连接的网络，一般选择接地网络（如GND）或不连接到任何网络（No Net）。Pour Over 下拉列表用于设置敷铜覆盖同网络对象的方式，"死铜移除"复选框用于设置是否删除没有焊盘连接的铜箔。

单击"确定"按钮后，光标将变成十字形状，连续单击鼠标左键确定多边形顶点，然后单击鼠标右键，系统将在所指定多边形区域内放置敷铜，效果如图 7-32 所示。

要修改敷铜的设置可在敷铜上用鼠标双击，系统将再次弹出"多边形敷铜"对话框，修改好相应参数以后单击"确定"按钮，系统将弹出一个提示对话框，提示用户确认是否重建敷铜。

当指定了敷铜连接的网络时，敷铜与指定网络焊盘的连接样式由设计规则中的 Polygon Connect Style（敷铜连接风格）规则决定。

3．添加矩形填充

矩形填充可以用来连接焊点，具有导线的功能。放置矩形填充的主要目的是使电路板

图 7-34　电路板上的矩形填充

成各种形状。

良好接地、屏蔽干扰及增加通过的电流，电路板中的矩形填充主要都是地线。在各种电器电子设备中的电路板上都可以见到这样的填充，如图 7-34 所示。

单击"放置"|"填充"菜单或工具栏■按钮，此时光标将变成十字形状，在工作窗口中单击鼠标左键确定矩形的左上角位置，最后单击鼠标左键确定右下角坐标并放置矩形填充，如图 7-35 所示。矩形填充可以通过旋转、组合

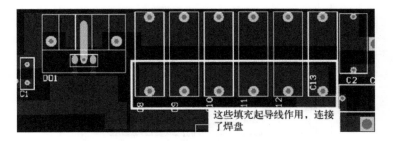

图 7-35　放置矩形填充后的效果

要修改矩形填充的属性可在放置矩形填充时单击"Tab"键，或者用鼠标左键双击矩形填充，系统弹出"填充"对话框。在该对话框中可设置矩形填充的顶点坐标、旋转角度（可以自己输入度数）、矩形填充所在层面、矩形填充连接的网络、是否锁定及是否作为禁止布线区的一部分等。

任务实施 PCB 添加敷铜、泪滴和填充

在前面的相关知识部分进行了较详细的介绍，此处同样以隔离电路图为例进行说明。

（1）接任务 3 中的手动布线的结果，我们开始添加敷铜。

（2）添加填充。

（3）添加泪滴。

（4）执行完成的结果如图 7-36 所示。

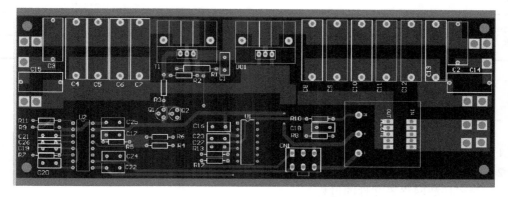

图 7-36 执行添加敷铜、泪滴和填充的 PCB

任务评价

在任务实施完成后，可以填写表 7-4，检测一下自己对本任务的掌握情况。

表 7-4 任务评价

任务名称				学时	2	
任务描述				任务分析		
实施方案				教师认可：		
问题记录	1. 2. 3.			处理方法	1. 2. 3.	
成果评价	评价项目		评价标准	学生自评（20%）	小组互评（30%）	教师评价（50%）
	1.		1. （x%）			
	2.		2. （x%）			

续表

成果评价	3.	3.	（x%）			
	4.	4.	（x%）			
	5.	5.	（x%）			
	6.	6.	（x%）			
教师评语	评　　语：					
	成绩等级：			教师签字：		
小组信息	班　　级		第　　组	同组同学		
	组长签字			日　　期		

项目自测题

1. 简述 PCB 自动设计的步骤。

2. 新建 PCB 文件有哪些方法？

3. 简述加载网络表文件的过程。

4. 自动布局包括哪两种方式？两者有何区别？

5. 元件编辑操作有哪些？

6. 元件手动布局所需的主要操作有哪些？

7. 简述添加泪滴、敷铜、矩形填充的作用。

8. 新建一个 PCB 文件中，在 KeepOut 层绘制长×宽为 3200mil×2300mil 的电气边框，在 Mechanical 1 层绘制物理边框，物理边框与电气边框间距为 50mil 即 3300mil×2400mil。

9. 在第 8 题的基础上，放置尺寸标注于 Mechanical 1 层，在电气边框的四个角分别放置孔径为 3mm 的固定螺钉孔。

10. 图 7-37 所示为某电路原理图，采用手动布线为该电路设计单面印制电路板。手动制板完成后，再练习自动双面板的制作。

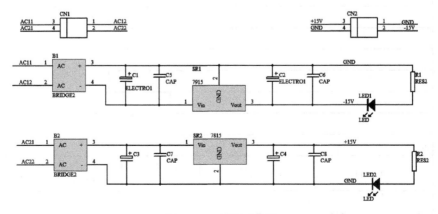

图 7-37　电路原理图

项目 8

带强弱电的电路板绘制

项目描述

本项目将以一个综合实例来介绍 PCB 板制作的全过程，首先是文件系统的建立，然后是元件库的设计，接着是绘制原理图，最后是制作 PCB。通过本项目对于 PCB 的设计全过程将全部巩固练习。

项目导学

本项目是按电路设计的全过程来介绍的，读者通过学习要达到以下学习要求：

（1）掌握文件系统的建立方法。

（2）掌握原理图元件的绘制方法。

（3）掌握 PCB 封装的制作方法。

（4）掌握给元件添加封装的方法。

（5）掌握绘制 3D 模型的方法。

（6）掌握 PCB 规则的设计方法。

（7）掌握 PCB 的布局布线方法。

（8）掌握 PCB 的敷铜泪滴过孔的添加方法。

任务 1　创建工程文件并设置原理图图纸

任务分析

本任务是介绍电路设计的第一过程，即创建工程文件，然后在工程文件中建立原理图文件，建立原理图文件后，设置原理图的图纸参数。这是本项目电路设计的一个准备过程。

💡 **相关知识**

1．创建一个新的 PCB 设计工程

创建一个新的 PCB 工程步骤如下：

（1）在菜单栏选择"文件"|"新建"|"工程"|"PCB 工程"命令，如图 8-1 所示。

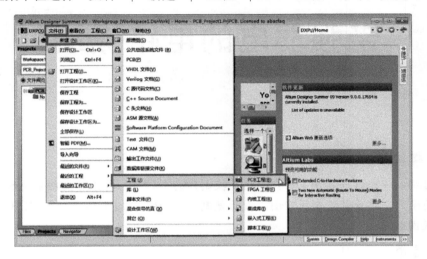

图 8-1　新建一个工程文件

（2）Porjects 面板出现后，可以重新命名这个工程文件，通过选择"文件"|"保存工程为"命令来将新工程重命名（扩展名为.PrjPCB）。

2．创建一个新的原理图图纸

（1）单击"文件"|"新建"|"原理图"命令，或者右键单击工程文件，通过选择"给工程添加新的"|"Schematic"命令来创建，如图 8-2 所示。默认的原理图文件名为Sheet1.SchDoc，如图 8-3 所示。

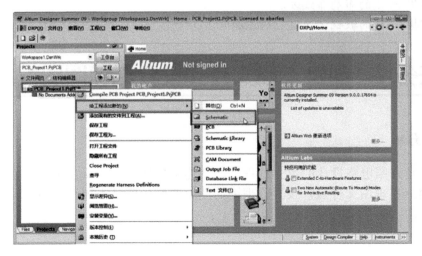

图 8-2　建立一个原理图文件

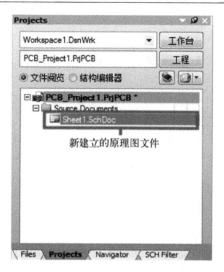

图 8-3 已经建立的原理图文件名

（2）通过选择"文件"|"保存为"命令来将新原理图文件重命名（扩展名为.SchDoc）。

（3）空白原理图纸自动打开后，此时的工作区窗口发生了变化。原理图绘制窗口为此时已经激活的窗口。

3．设置原理图选项

在绘制电路图之前首先要做的是设置合适的文档选项。完成以下步骤：

（1）从菜单选择"设计"|"文档选项"命令，打开"文档选项"对话框，如图 8-4 所示。

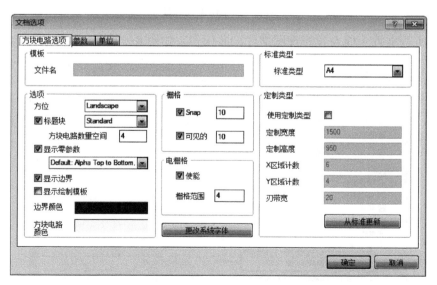

图 8-4 文档选项

（2）按图 8-4 进行设置，完成后单击"确定"按钮关闭对话框，更新图纸大小。

（3）为了便于查看整个原理图，在设计时可以选择"察看"|"适合文件"命令，将原

理图中的元件对象全部显示在可视区。

 ## 任务实施 建立 PCB 工程文件及原理图文件并设置图纸

在相关知识部分介绍了新建立工程文件、原理图文件及设置原理图图纸的方法。按上面介绍的方法进行简单操作。

（1）建立工程文件。建立工程文件的方法不再多述。工程文件创建后，将工程文件保存在 F 盘的"带强弱电的电路"的电路板文件夹下面，如图 8-5 所示。

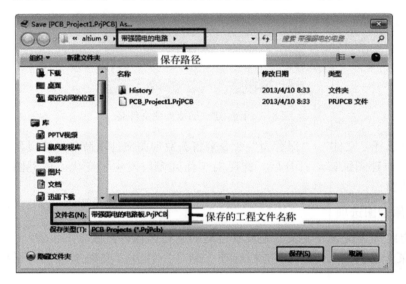

图 8-5 保存工程文件

（2）在工程文件上面新建原理图文件，并保存，如图 8-6 所示。

图 8-6 保存原理图文件

（3）设置原理图图纸参数，一般情况下，可以保持默认值。

 **任务评价**

在任务实施完成后，可以填写表 8-1，检测一下自己对本任务的掌握情况。

表 8-1 任务评价

任务 名称				学时		2	
任务 描述				任务 分析			
实施 方案				教师认可：			
问题 记录	1. 2. 3.			处理 方法		1. 2. 3.	
成果 评价	评价项目		评价标准	学生自评 （20%）	小组互评 （30%）	教师评价 （50%）	
	1.		1. （x%）				
	2.		2. （x%）				
	3.		3. （x%）				
	4.		4. （x%）				
	5.		5. （x%）				
	6.		6. （x%）				
教师 评语	评 语： 成绩等级：				教师签字：		
小组 信息	班 级		第 组	同组同学			
	组长签字		日 期				

任务 2 创建新的原理图元件

任务分析

由于有些元件没有现成的，需要自己绘制，在本任务中将介绍带强弱电的电路图中需要自己绘制的这些元件的方法。

相关知识

绘制原理图的元件步骤简介如下。

（1）在任务 1 的工程文件的基础上，新建一个原理图库文件。

（2）在原理图库文件设计环境下，单击"工具"|"新器件"即可创建一个空白的新器件，可以给这个器件重新命名。

（3）进入原理图元件设计窗口，首先分析需要绘制的是哪些元件，它们的外形结构如何，然后开始绘制。

（4）绘制元件边框，然后放置引脚。注意引脚有电气特性即红色叉标记的那端要放在远离边框的地方。

（5）元件绘制完成后，绘制元件增加模型即封装。

具体的操作我们在任务实施部分详细介绍。

任务实施

1．任务实施 1　绘制原理图元件

（1）右键单击工程文件，通过选择"给工程添加新的"|"Schematic Library"命令来创建新元件的编辑界面，如图 8-7 所示。

图 8-7　启动创建新原理图库

（2）在 SCH Library 面板上的 Components 列表中选中 Component_1 选项，执行"工具"|"重新命名器件"命令，如图 8-8 所示。弹出重命名元件对话框，输入一个新的、可唯一标识该元件的名称如 SG325A（这里我以 SG325A 为例），如图 8-9 所示。

（3）执行"放置"|"矩形"命令或单击 图标（该图标在图 8-10 所示的工具栏处找到），此时鼠标箭头变成十字光标，并带有一个矩形的形状。在图纸中移动十字光标到坐标原点（0,0），单击确定矩形的一个顶点，然后继续移动十字光标到另一位置，单击确定矩形

的另一个顶点，这时矩形放置完毕，单击鼠标右键，退出绘制矩形的工作状态（如图 8-10 所示）。在图纸上双击矩形，弹出如图 8-11 所示的对话框，供设计者设置矩形的属性，设置完属性后，单击"确定"按钮，返回工作窗口。

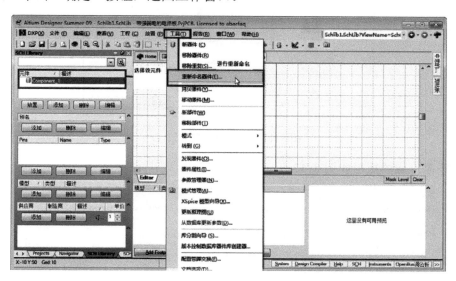

图 8-8　启动重新命名元件的命令

图 8-9　重新命名

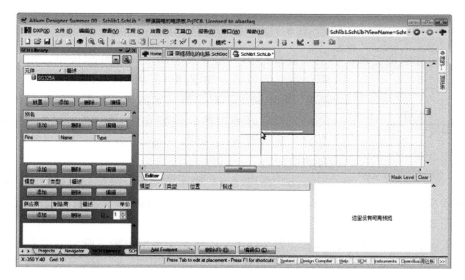

图 8-10　绘制矩形边框

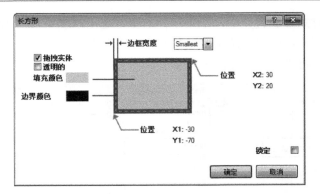

图 8-11　设置矩形框的属性

（4）绘制完成的矩形如图 8-12 所示。

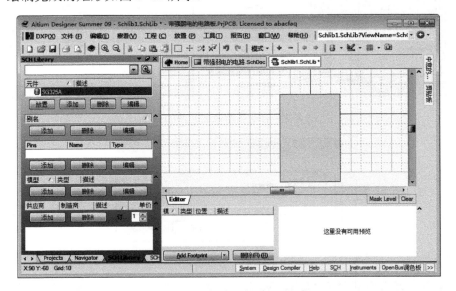

图 8-12　元件边框绘制完成

（5）为元件添加引脚。单击"放置|引脚"命令或单击工具栏的 按钮，光标处浮现引

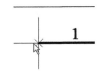

图 8-13　带着引脚的光标

脚，带电气属性，如图 8-13 所示。放置之前，按"Tab"键打开"Pin 特性"对话框，如图 8-14 所示。如果在放置引脚之前先设置好各项参数，在放置引脚时，这些参数成为默认参数，连续放置引脚时，引脚的编号和引脚名称中的数字会自动增加。

（6）在图 8-14 所示的"Pin 特性"对话框中，显示名字文本框输入引脚名字-V，在标识文本框中输入唯一的引脚编号 1，电气类型文本框选择 Input，如图 8-14 所示。用这种方法依次设置 1、2、3 三个引脚。

（7）在显示名字文本框输入引脚名字 CT，在标识文本框中输入唯一的引脚编号 5，电气类型文本框选择 Passive，用这种方法依次设置 5、6、7、8、9、10、12、13、15、16 引脚，如图 8-15 所示。

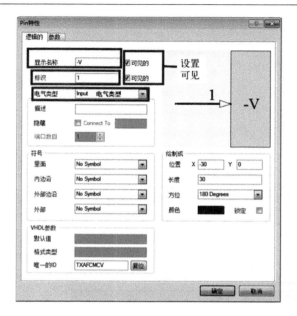

图 8-14 "Pin 特性"对话框   图 8-15 第 5 脚设置

（8）显示名字文本框输入引脚名字 OSC，在标识文本框中输入唯一的引脚编号 4，电器类型文本框选择 Output，用这种方法依次设置 4、11、14 三个引脚，如图 8-16 所示。

（9）完成绘制后，单击"文件"|"保存"命令保存建好的元件。

2．任务实施 2　为原理图元件添加封装模型

（1）原理图元件绘制完成后，单击主菜单中的"工具"|"器件属性"，如图 8-17 所示。出现器件属性对话框，如图 8-18 所示。

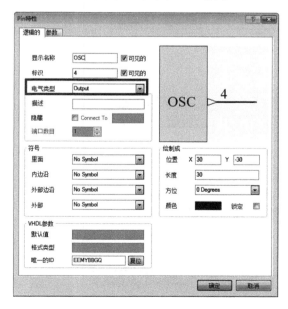

图 8-16 第 4 脚设置   图 8-17 设置器件的属性

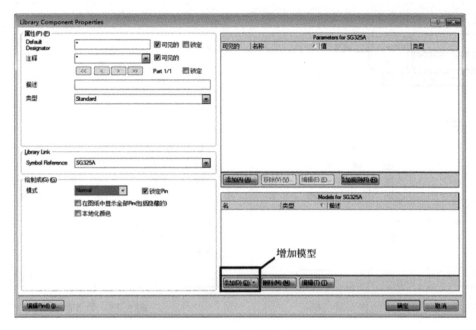

图 8-18　器件属性对话框

（2）单击图 8-18 中的"添加"命令，显示"PCB 模型"对话框，如图 8-19 所示，在"封装模型"内的"名称"文本框中输入封装名"DIP16"，在"PCB 库"栏选择单选按钮"任意"，单击"浏览"按钮打开"浏览库"对话框，如图 8-20 所示。

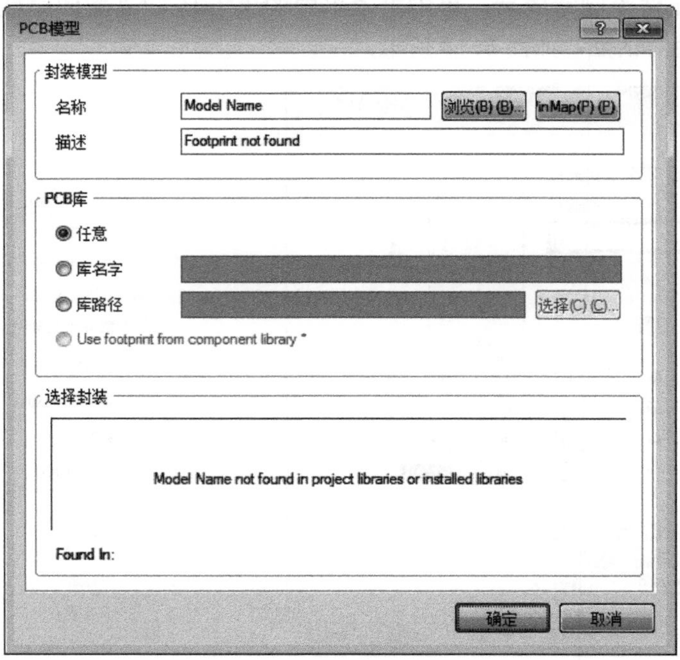

图 8-19　PCB 模型对话框

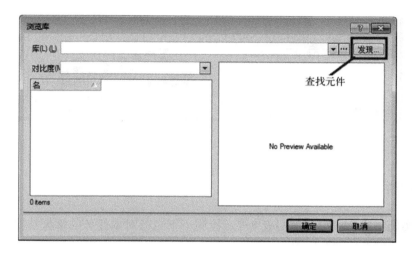

图 8-20　"浏览库"对话框

（3）如果当前库文件中不存在，需要对其进行搜索。在"浏览库"对话框中单击"发现"按钮，显示"搜索库"对话框，如图 8-21 所示。在"域"处，选择 Name；在"运算符"处，选择 contains；在"值"处，输入 DIP16。在"范围"处勾选"库文件路径"，最后单击"搜索"按钮。

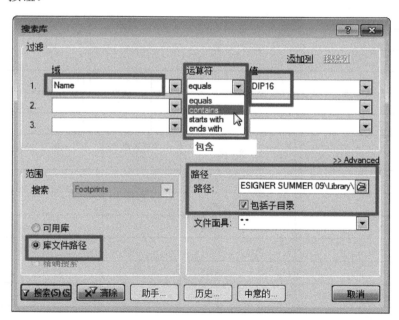

图 8-21　"搜索库"对话框设置

（4）在"浏览库"对话框中将列出搜索结果，从中选择 DIP16，再单击"确定"按钮，返回"PCB 模型"对话框。

（5）在"PCB 模型"对话框中单击"确定"按钮添加封装模型，此时在工作区底部模型列表中会显示该封装模型，如图 8-22 所示。

图 8-22　已经添加了封装

任务评价

在任务实施完成后，可以填写表 8-2，检测一下自己对本任务的掌握情况。

表8-2　任务评价

任务名称				学时		2	
任务描述				任务分析			
实施方案				教师认可：			
问题记录	1.			处理方法	1.		
	2.				2.		
	3.				3.		
成果评价	评价项目		评价标准		学生自评（20%）	小组互评（30%）	教师评价（50%）
	1.		1.　　　（x%）				
	2.		2.　　　（x%）				
	3.		3.　　　（x%）				
	4.		4.　　　（x%）				
	5.		5.　　　（x%）				
	6.		6.　　　（x%）				
教师评语	评　语： 成绩等级：					教师签字：	
小组信息	班　级			第　组	同组同学		
	组长签字				日　期		

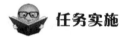
任务 3　复制元件和放置元件

任务分析

在任务 1 和任务 2 中，已经介绍了原理图的图纸和原理图的元件设计，再加上软件自己带的集成元件库，现在可以加载元件库，并将需要的元件放置在原理图中了，本任务将介绍放置方法。

相关知识

原理图的放置方法在前面的项目中已经介绍过，此处简单提及。
（1）启动原理图库。
（2）安装元件库。
（3）查找元件。
（4）放置元件。

任务实施

1．任务实施 1　复制粘贴元件

（1）将画好并添加了封装的元件从 SCH Library 面板的"元件"中复制，如图 8-23 所示。

图 8-23　复制元件

（2）切换到原理图的设计窗口，然后进行粘贴，如图 8-24 所示。

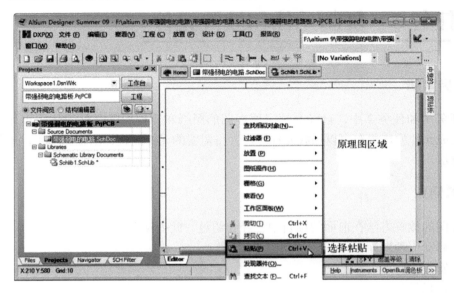

图 8-24　在原理图中粘贴元件

> 📖 **注意：**
> 　　也可以通过加载该元件库，按前面介绍的放置库元件的方法来进行放置，同时，也可以通过图 8-23 所示的"元件"列表区域中的"放置"按钮来将元件放置到原理图中。

2．任务实施 2　在原理图中放置元件

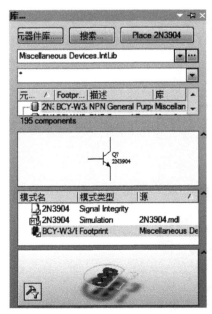

图 8-25　库面板

除了上面介绍的直接在元件库的编辑环境中进行元件的放置外，也可以切换到原理图的绘制环境中，通过"库"面板来进行元件的放置。

（1）从菜单中选择"察看"｜"适合文件"命令确定原理图纸显示在整个窗口中。

（2）单击"库"标签以显示"库"面板，如图 8-25 所示。

（3）在库中查找所需的元件，单击元件以选择它，然后单击"Place"按钮。另外，也可双击元件名进行放置。

（4）在原理图上放置元件之前，首先要编辑其属性。在悬浮的光标上，按"Tab"键，打开"元件属性"对话框，如图 8-26 所示，设置元件属性，设置好后，单击"确定"按钮关闭对话框。

（5）按图 8-26 作好设置后，单击"确定"按钮，光标带着元件，移动光标，调整好位置后，单击鼠标左键或按"Enter"键将元件放在原理图上，

如图 8-27 所示。

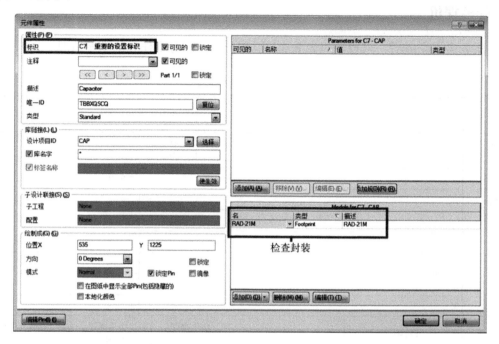

图 8-26 "元件属性"对话框

图 8-27 放置元件

（6）像这样依次放置其他元件，如图 8-28 所示。如果需要移动元件，单击并拖曳元件体，拖到需要的位置放开鼠标左键即可。

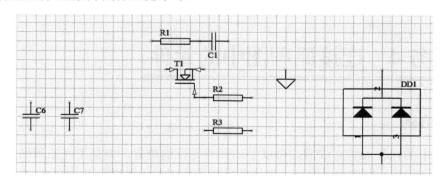

图 8-28 放置元件

任务评价

在任务实施完成后，可以填写表 8-3，检测一下自己对本任务的掌握情况。

表 8-3　任务评价

任务名称			学时		2
任务描述			任务分析		
实施方案			教师认可：		
问题记录	1. 2. 3.		处理方法	1. 2. 3.	
成果评价	评价项目	评价标准	学生自评（20%）	小组互评（30%）	教师评价（50%）
	1.	1.　　（x%）			
	2.	2.　　（x%）			
	3.	3.　　（x%）			
	4.	4.　　（x%）			
	5.	5.　　（x%）			
	6.	6.　　（x%）			
教师评语	评　语： 成绩等级：　　　　　　　　　　　　　　教师签字：				
小组信息	班　　级		第　组	同组同学	
	组长签字		日　　期		

任务 4　连接原理图中的元件

任务分析

原理图中的元件放置完成后，可以手动调整元件的位置，但是现在原理图还是没有电气特性，因为元件没有连接，因此，本任务将对原理图的元件进行电气连接。

相关知识

原理图中的元件进行电气连接的方法，前面介绍过，可以用导线、端口、标号等。在进行电气连接的过程中，可以对图纸进行放大或缩小来操作。具体的电路连接见任务实施部分。

任务实施 原理图的电气连接

1. 任务实施1 用导线来连接元件

原理图的电气连接操作步骤如下：

（1）为了使电路图清晰，可以使用 Page Up 键来放大，或用 Page Down 键来缩小。

（2）从菜单选择"放置"|"线"命令或从"连线"工具栏单击 工具进入连线模式，光标将变为十字形状。

（3）连线时，当放对位置时，一个红色的连接标记会出现在光标处，这表示光标在该元件的引脚上建立了一个电气连接点，如图 8-29 所示。

（4）将光标移至下一位置时，会看到光标变为一个红色连接标记，如图 8-30 所示，单击该点固定导线，在第一个和第二个固定点之间导线就连接好了。

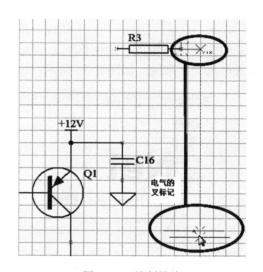

图 8-29 绘制导线

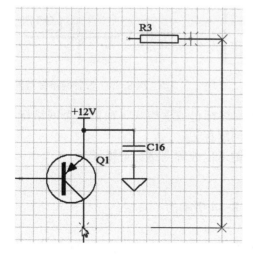

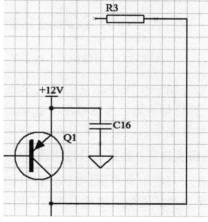

图 8-30 放置导线的过程

（5）完成这根导线的放置，注意光标仍然为十字形状，表示可以放置其他导线。如要完全退出放置模式，恢复箭头光标，应该再一次单击鼠标右键。

（6）连接电路中的剩余部分。

（7）在完成所有的导线之后，单击鼠标右键退出放置模式，光标恢复为箭头形状。

2．任务实施2　用网络标签来连接电路

除了前面介绍的导线外，还可以用网络标号来连接电路。

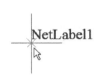

图 8-31　带着网络标号的光标

（1）完成连线需要放置网络标记。从菜单选择"放置"｜"网络标号"命令或在工具栏上单击 按钮，一个带点的 NetLable1 框将悬浮在光标上，如图 8-31 所示。

（2）在放置网络标记之前应先编辑，按"Tab"键显示"网络标签"对话框，如图 8-32 所示。在网络栏内输入 +12V，然后单击"确定"按钮关闭对话框。

（3）在电路图上，把网络标记放置在连线的上面，当网络标记跟连线接触时，光标会变成红色十字准线，如图 8-33 所示，单击即可。

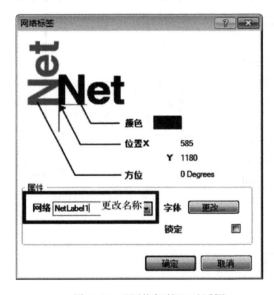

图 8-32　"网络标签"对话框

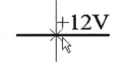

图 8-33　带着网络标号的电源

（4）放完第一个网络标记后，仍然处于网络标记放置模式，在第二个网络标记之前再按"Tab"键进行编辑，像这样依次放置其他网络标记。

（5）放置完成后，右键单击或按"Esc"键退出放置网络标记模式。

3．任务实施3　放置信号地电源端口

（1）在工具栏上单击 按钮，打开如图 8-34 所示的工具栏。

（2）单击"放置信号地电源端口"选项。

（3）将其放置在适当的位置，当与连线接触时，光标变为一个红色连接标记，如图 8-35 所示。

（4）依次放置其他信号地电源端口。完成之后，选择"文件"｜"保存"命令保存电路。

图 8-34 放置端口下位菜单　　　　图 8-35 放置信号地电源端口

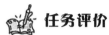 **任务评价**

在任务实施完成后，可以填写表 8-4，检测一下自己对本任务的掌握情况。

表 8-4 任务评价

任务名称				学时		2		
任务描述				任务分析				
实施方案				教师认可：				
问题记录	1.			处理方法	1.			
	2.				2.			
	3.				3.			
成果评价	评价项目		评价标准		学生自评（20%）	小组互评（30%）	教师评价（50%）	
	1.		1.　　　（x%）					
	2.		2.　　　（x%）					
	3.		3.　　　（x%）					
	4.		4.　　　（x%）					
	5.		5.　　　（x%）					
	6.		6.　　　（x%）					
教师评语	评　语：							
	成绩等级：					教师签字：		
小组信息	班　级			第　组	同组同学			
	组长签字				日　期			

任务5　PCB 的设计

 任务分析

在前面 4 个任务中已经将电路的原理图绘制完成，余下的工作是设计 PCB，完成印制电路板的设计。本任务将完成该电路设计的后续工作。

相关知识

完成 PCB 的设计，在前面的项目中也介绍过，此处简单叙述一下。

（1）建立一个 PCB 文件，可以自己定义创建，也可以通过向导来创建。

（2）检查原理图中哪个元件没有封装。如果原理图中的元件没有封装，那么在 PCB 文件中会只有元件的名称，元件上没有飞线连接，也没有电气特性，该元件在 PCB 中是孤立的。

（3）加载网络表文件。可以通过原理图更新 PCB，也可以通过 PCB 导入相应的原理图。

（4）PCB 进行自动手动布局。

（5）设置布线规则，进行自动手动布线。

（6）添加泪滴、敷铜和填充。

（7）放置螺钉孔用来安装电路板。

任务实施

1．任务实施 1　创建一个新的 PCB 文件

（1）在 Files 面板底部的"从模板新建文件"区域单击 PCB Board Wizard 创建新的 PCB，如图 8-36 所示。

图 8-36　选择新建 PCB

（2）PCB Board Wizard 打开，首先看到的是介绍页，单击"下一步"按钮继续，如图 8-37 所示。

图 8-37　PCB 板向导

（3）设置度量单位为"公制的"，单击"下一步"按钮，如图 8-38 所示。

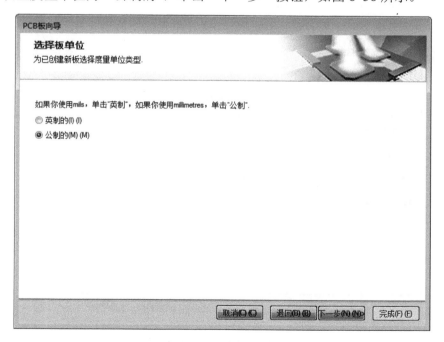

图 8-38　设置单位

（4）在向导的第三页选择要使用的板，从板轮廓列表中选择 Custom，单击"下一步"按钮，如图 8-39 所示。

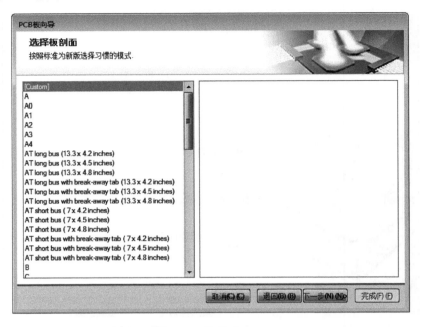

图 8-39　选择 Custom

（5）进入自定义板选项。选择"矩形"单选按钮，并在宽度和高度栏输入 200，如图 8-40 所示。单击"下一步"按钮继续。

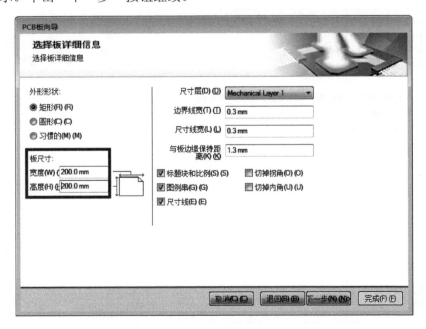

图 8-40　设置板子的宽度和高度

（6）后面的保持默认设置，最后单击"完成"按钮，如图 8-41 所示。

图 8-41　创建 PCB 最后一步

（7）PCB 编辑器显示一个新的 PCB 文件，选择"察看"|"适合板子"将只显示板子，形状如图 8-42 所示。

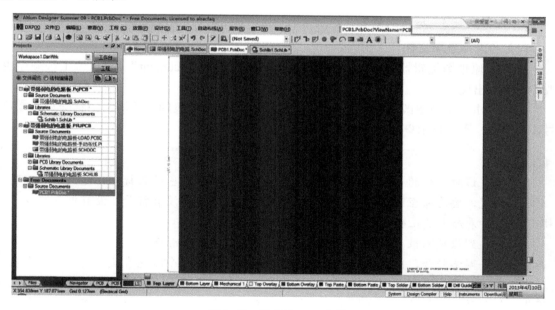

图 8-42　完成的 PCB 文件

2．任务实施 2　用封装管理器检查所有元件的封装

在原理图编辑器内，执行"工具"|"封装管理器"命令，显示如图 8-43 所示的封装管

理器对话框。如果所有元件的封装检查完都正确，单击"关闭"按钮关闭对话框。

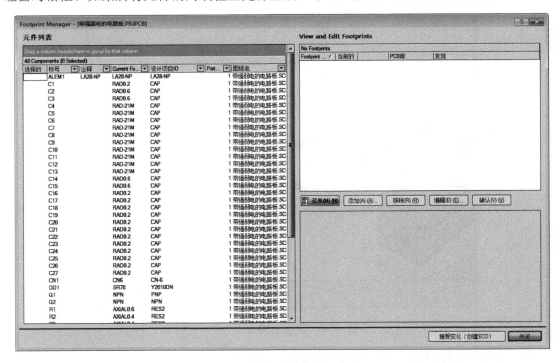

图 8-43 封装管理器对话框

3．任务实施3 导入网络表

（1）打开原理图文件

（2）在原理图编辑器中选择"设计"|"Update PCB Document"命令。"工程顺序更改"对话框出现。

（3）单击"生效更改"按钮，如果执行成功则在状态列表的"检测"中将会显示 符号，有错误，则会显示 符号。

> 📖 **注意：**
>
> 　　如果在该对话框的"状态"区域的"检测"列出现了红色的叉标记，这说明原理图出现了错误，要看原理图的错误在哪里，一般是没有封装，没有标号，没有电气特性，即有些引脚看起来是正确的，但实际上没有连接上。
>
> 　　如果遇到原理图很少用导线连接，而主要是通过网络标号来连接的情况，那我们要着重要检查网络标号，网络标号放置在线段上时，一定要有个红色有叉标记，同时，在集成块外面的引脚上，要先给引脚画一根导线，同时，元件如电阻和电容的引脚连接也不要直接将两个元件的引脚直接接在一起，这有可能引起没有电气特性，需要画一小段导线来连接，出故障的可能性要小很多。

（4）如果单击"生效更改"按钮没有错误，则单击"执行更改"按钮，将信息发送到PCB。此时如图 8-44 所示。

（5）单击"关闭"按钮，目标 PCB 文件打开，并且元件也放在 PCB 板边框的外面以准备放置，如图 8-45 所示。

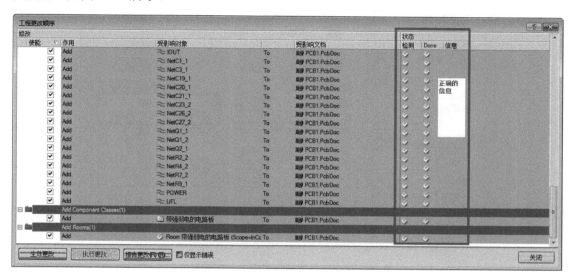

图 8-44　工程更改顺序窗口

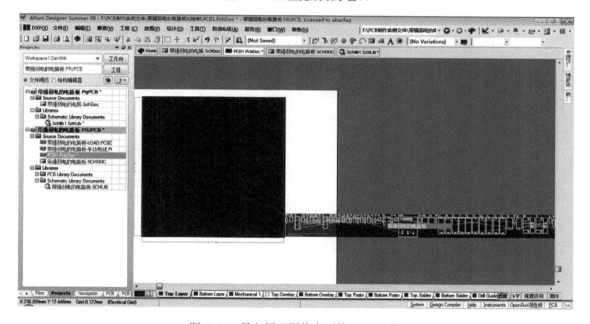

图 8-45　导入原理图信息后的 PCB 文件

（6）在前面图 8-42 中创建的 PCB 文档显示了一个默认尺寸的白色图纸，要关闭白色区域，选择"设计"|"板参数选项"命令，在"板选项"对话框取消选择"显示页面"前面的复选框，如图 8-46 所示。

4. 任务实施 4　设置 PCB 新的布线设计规则

（1）激活 PCB 文件，从菜单选择"设计"|"规则"命令。

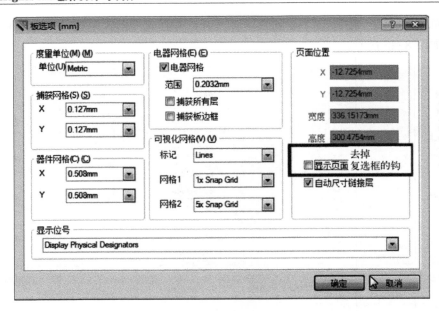

图 8-46　取消选择"显示页面"前面的复选框

（2）出现"PCB 规则及约束编辑器"对话框，如图 8-47 所示。

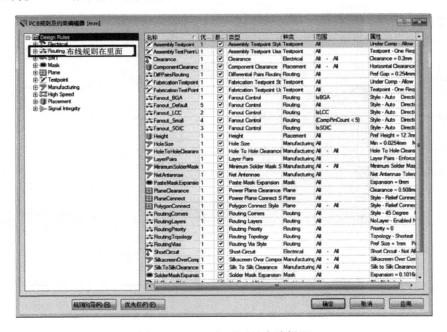

图 8-47　PCB 规则及约束编辑器

双击 Routing 展开显示相关的布线规则，然后双击 Width 显示宽度规则，如图 8-48 所示。

（3）单击选择每条规则，当单击每条规则时，右边的对话框的上方将显示规则的范围，如图 8-48 所示。

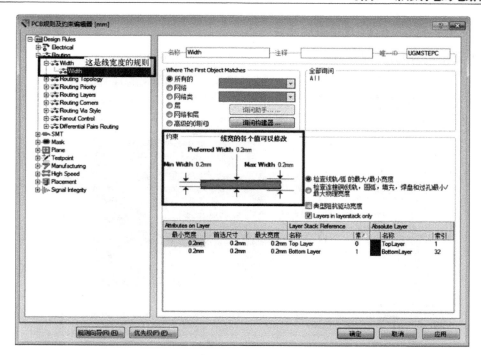

图 8-48 Width 显示宽度规则

（4）添加约束规则。在 Design Rules 规则面板的 Width 类被选择时右击并选择"新规则"，如图 8-49 所示。新规则中，可以设置自己想要的某个电气网络的线宽，如专门设置 VCC 的线宽，GND 的线宽，12V 的线宽等，都是可以的，当设置生效后，布线时，这些网络的线宽度将按我们的设置来布线。

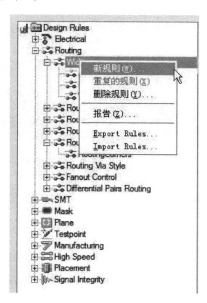

图 8-49 新规则

5．任务实施 5　在 PCB 中布局元件

（1）选中所有元件，将其拖曳到板中，并放置，如图 8-50 所示。

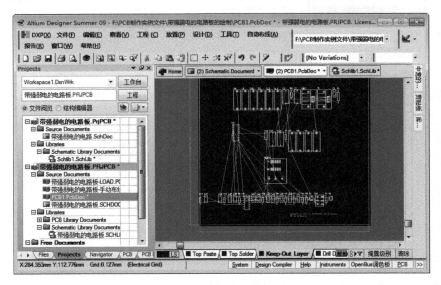

图 8-50　拖曳元件在板框中

（2）此时元件的摆放不规则，需要对其进行调整，先自动布局，然后用鼠标拖曳元件，将其摆放在适当的位置，放置好的元件如图 8-51 所示。

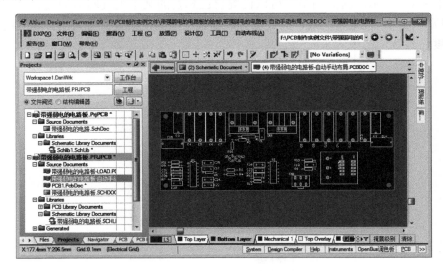

图 8-51　元件布局的效果

> 📖 **注意：**
> 　　该 PCB 文件可以按前面介绍的方法进行自动布局，如果布局后的效果不明显，或者布局后布线不太合理，则可以进行手动布局调整，调整后的效果如图 8-51 所示。

（3）每个对象都定位放置好后，就开始布线了。

6. 任务实施6　PCB自动布线

（1）从菜单中选择"工具"|"取消布线"|"全部"命令取消板的布线。如果本身就没有布线，则此步骤不需要进行取消布线的操作。

（2）从菜单选择"自动布线"|"全部"命令，弹出"Situs 布线策略"对话框，如图 8-52 所示，单击 Route All 按钮，Messages 显示自动布线过程，如图 8-53 所示。

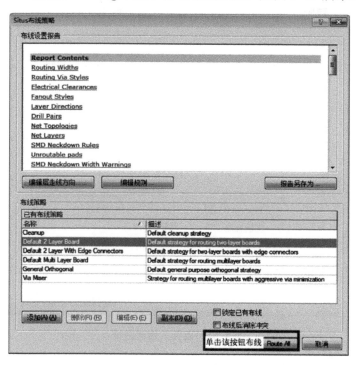

图 8-52　"Situs 布线策略"对话框

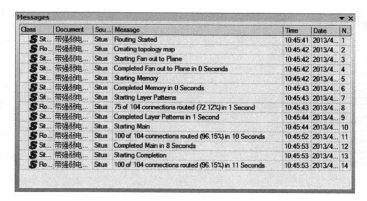

图 8-53　布线的消息面板

7. 任务实施7　放置泪滴、敷铜和填充

1）放置泪滴

我们通过"工具"|"滴泪"命令进行放置泪滴，放置泪滴的目的是为了将焊盘附近的

线加宽，以免在 PCB 加工过程中在钻孔时会出现铜箔断裂的情形。

2）布置多边形敷铜区

（1）单击工具栏的多边形敷铜工具按钮，打开"多边形敷铜"对话框，如图 8-54
所示。

图 8-54　设置多边形敷铜

（2）根据自己的需要进行敷铜。敷铜后的效果如图 8-55 所示。

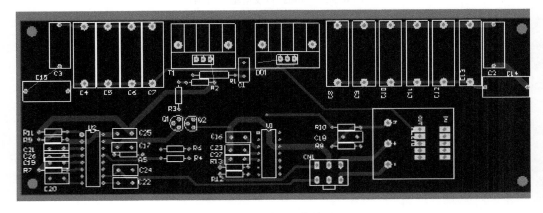

图 8-55　敷铜后的效果

对图 8-55 中的敷铜进行调整。

3）放置填充

（1）通过"放置"|"填充"命令实现。

（2）拖曳鼠标在图 8-55 的上面部分进行填充添加，添加填充后的图如图 8-56 所示。

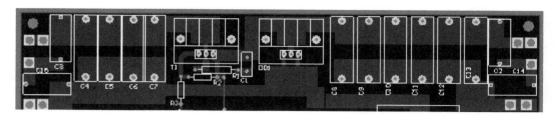

图 8-56　添加填充

4）调整敷铜和填充区域，最后的结果如图 8-57 所示。

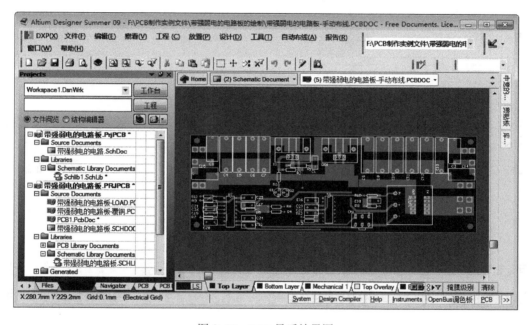

图 8-57　PCB 最后结果图

项目自测题

1. 如何建立文件系统？
2. 如何制作原理图元件？
3. 如何制作 PCB 封装？
4. 如何给元件添加封装？
5. 如何绘制 3D 模型？
6. 如何编辑 PCB 规则？
7. PCB 的布局布线的方法是什么？
8. 完成图 8-58 所示的 PCB 设计。

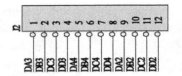

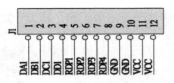

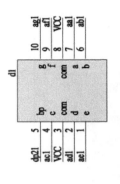

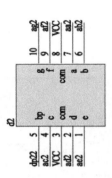

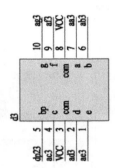

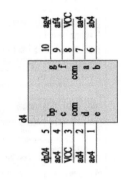

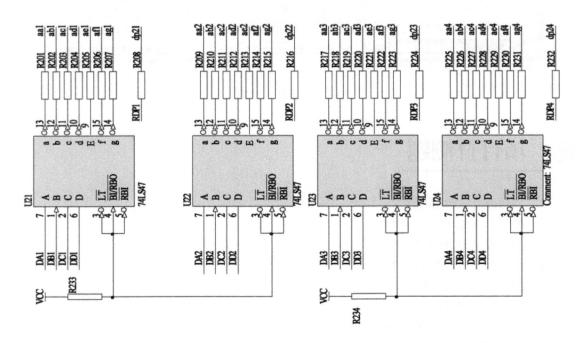

图 8-58　原理图

反侵权盗版声明

电子工业出版社依法对本作品享有专有出版权。任何未经权利人书面许可，复制、销售或通过信息网络传播本作品的行为；歪曲、篡改、剽窃本作品的行为，均违反《中华人民共和国著作权法》，其行为人应承担相应的民事责任和行政责任，构成犯罪的，将被依法追究刑事责任。

为了维护市场秩序，保护权利人的合法权益，本社将依法查处和打击侵权盗版的单位和个人。欢迎社会各界人士积极举报侵权盗版行为，本社将奖励举报有功人员，并保证举报人的信息不被泄露。

举报电话：（010）88254396；（010）88258888

传　　真：（010）88254397

E-mail：dbqq@phei.com.cn

通信地址：北京市海淀区万寿路 173 信箱

　　　　　电子工业出版社总编办公室

邮　　编：100036